ESTABILIDADE DO EQUILÍBRIO DAS ESTRUTURAS

Blucher

Reyolando M. L. R. F. Brasil
Engenheiro civil pela Escola de Engenharia da Universidade Mackenzie
Mestre, doutor e livre-docente pela PEF/EPUSP
Professor titular de Estruturas Aeroespaciais da UFABC
Bolsista de produtividade em pesquisa do CNPq, nível 1B

ESTABILIDADE DO EQUILÍBRIO DAS ESTRUTURAS

Estabilidade do equilíbrio das estruturas

Publisher Edgard Blücher
Editor Eduardo Blücher
Coordenação editorial Jonatas Eliakim
Produção editorial Luana Negraes
Preparação de texto Maurício Katayama
Diagramação Roberta Pereira de Paula
Revisão de texto Bonie Santos
Capa Leandro Cunha
Imagem da capa iStockphoto

Blucher

Rua Pedroso Alvarenga, 1245, 4º andar
04531-934 – São Paulo – SP – Brasil
Tel.: 55 11 3078-5366
contato@blucher.com.br
www.blucher.com.br

Segundo o Novo Acordo Ortográfico, conforme 5. ed. do *Vocabulário Ortográfico da Língua Portuguesa*, Academia Brasileira de Letras, março de 2009.

Dados Internacionais de Catalogação na Publicação (CIP)
Angélica Ilacqua CRB-8/7057

Brasil, Reyolando M. L. R. F.
Estabilidade do equilíbrio das estruturas / Reyolando M. L. R. F. Brasil. -- São Paulo : Blucher, 2021.
132 p. : il. color.

Bibliografia
ISBN 978-65-5506-198-7 (impresso)
ISBN 978-65-5506-199-4 (eletrônico)

1.Engenharia civil 2. Engenharia mecânica 3. Engenharia naval 4. Engenharia aeroespacial I. Título.

21-3924 CDD620

Índice para catálogo sistemático:
1. Engenharia civil

Das conjunções improváveis
De órbitas instáveis
É que eu me mantenho

Paulo Vanzolini

PREFÁCIO

Este livro apresenta uma introdução aos conceitos teóricos e às práticas da verificação da estabilidade do equilíbrio das estruturas nas engenharias civil, mecânica, naval e aeroespacial.

Com a modernização das técnicas de análise e a disponibilidade de materiais mais resistentes e métodos construtivos mais apurados, é a realidade atual da engenharia de estruturas que as peças se tornem cada vez mais esbeltas e, portanto, mais sujeitas a possíveis problemas de instabilidade.

Considere-se um sistema estrutural em uma configuração de equilíbrio. Se, excitado por uma perturbação (pequena), ele vibrar e retornar, em um certo tempo (curto), à configuração inicial, diz-se que a configuração do sistema é estável. Se, no entanto, após a perturbação, ele buscar uma nova configuração de equilíbrio, ela é instável. É o caso, por exemplo, de uma coluna reta comprimida. Até um certo valor da carga de compressão, perturbações pequenas podem fazer a coluna vibrar e voltar à configuração reta, então ela é estável. Atingido esse valor de carga, dito crítico, qualquer perturbação faz a coluna deixar de ser reta, assumindo configuração agora instável e curva, se o material de que é feita suportar essa flexocompressão.

A clássica Teoria da Estabilidade Elástica, como apresentada, por exemplo, por Timoshenko, que insistia no fenômeno chamado "flambagem", progrediu muito nas últimas décadas. Em particular, o advento dos computadores eletrônicos digitais de programa armazenado veio possibilitar os poderosos métodos da análise matricial de estruturas, em especial o Método dos Elementos Finitos. Mais ainda, esses recursos permitem hoje considerar os fenômenos não lineares de origem geométrica devidos a grandes deslocamentos e considerar comportamentos mais realísticos dos materiais.

A intenção aqui é transmitir um *mix* do clássico com o moderno neste assunto, para servir de base a estudos em nível de graduação e de pós-graduação e ser referência para o engenheiro praticante.

Uma homenagem a três grandes mestres da estabilidade no passado, que viveram parte de suas vidas no império russo: Euler, Lyapunov e Timoshenko.

Agradeço a colaboração em digitação e desenhos do estudante Lucas Minga e, na revisão técnica, da engenheira Sara Prates.

O autor

CONTEÚDO

CAPÍTULO 1
Introdução

1.1 O QUE É ESTABILIDADE

Um sistema definido por um número finito de graus de liberdade está em equilíbrio se as velocidades forem nulas. Se, excitado por uma pequena perturbação, ele vibrar e retornar em um certo tempo à configuração inicial, diz-se que esta é estável. Se, após a perturbação, ele buscar uma nova configuração de equilíbrio, que pode não existir, a configuração é dita instável.

Na engenharia civil, o exemplo clássico são as colunas retas comprimidas. Até uma certa carga de compressão, perturbações pequenas fazem a coluna vibrar e voltar à posição retilínea, estável. Atingida essa carga crítica, qualquer perturbação faz a coluna deixar de ser reta, forma agora instável, e passar a ser curva, se o material de que é feita suportar.

Também podem ser encontrados exemplos em outras áreas. Considere-se um satélite artificial em órbita da Terra. Se uma pequena perturbação for aplicada ao satélite, ele pode ou não voltar àquela órbita. Se voltar, a órbita é estável, caso contrário, instável.

1.2 ESTABILIDADE DAS ESTRUTURAS

Com a modernização das técnicas de análise e a disponibilidade de materiais mais resistentes e métodos construtivos mais apurados, é a realidade atual da engenharia de estruturas que as peças se tornem cada vez mais esbeltas e, portanto, mais sujeitas a possíveis problemas de instabilidade.

Os problemas mais evidentes em engenharia estrutural são os das peças esbeltas comprimidas. *Grosso modo*, esbeltez é a relação entre o comprimento da peça e as propriedades geométricas de rigidez à flexocompressão de sua seção transversal. Quanto maior é o comprimento em relação a essas propriedades, mais esbelta é a peça. É o caso das colunas, dos membros comprimidos de treliças planas ou espaciais, dos arcos e das cascas de revolução. Essas estruturas são todas submetidas a esforços de compressão na direção do eixo local, que diminuem sua rigidez, levando, no limite, à perda de estabilidade. Essa rigidez variável com esforços desse tipo é conhecida como rigidez geométrica. No caso de esforços de tração, há aumento da rigidez, fenômeno explorado nas tensoestruturas. É o caso de cabos, membranas e *tensegrities*, que só existem como estruturas se estiverem, no todo ou em parte, sob tração.

O estudo da estabilidade de estruturas se iniciou com o grande matemático suíço-russo Leonhard Euler (1707-1783), bem cedo na história da análise estrutural, sendo muito desenvolvido depois pelos grandes matemáticos franceses e alemães do século XIX. A instabilidade era então associada com a palavra flambagem. O texto que concretizou essa forma de pensar foi *Theory of Elastic Stability*, do grande engenheiro ucraniano-americano Stephen P. Timoshenko (1878-1972).

Na atualidade, a estabilidade estrutural tem tido sua filosofia mudada pela percepção de que no mundo real é impossível existirem peças perfeitas, em geometria e material. E é também impossível a aplicação de carregamentos em pontos e direções também exatos. A presença das inevitáveis imperfeições faz do conceito de flambagem uma ideia puramente matemática, que tem sido evitada nas normas de projeto estrutural.

1.3 CONTEÚDO DO LIVRO

No Capítulo 2, apresenta-se um estudo simplificado dos conceitos matemáticos envolvidos na teoria da estabilidade de sistemas dinâmicos.

A seguir, no Capítulo 3, elencam-se os teoremas fundamentais e os tipos de fenômenos de instabilidade de estruturas que se observam, conceituando os vários tipos de bifurcações e pontos-limite. Exemplos de sistemas estruturais discretos simples são propostos e desenvolvidos no Capítulo 4.

No Capítulo 5 desenvolve-se a teoria clássica de estabilidade de peças estruturais, modeladas como contínuos matemáticos, via soluções analíticas de equações diferenciais.

As ideias de discretização dos contínuos estruturais em um número finito de graus de liberdade é introduzida nos Capítulos 6 e 7, com a organização permitida pela análise matricial de estruturas.

Essa ideia é mais desenvolvida no Capítulo 8, com o uso do Método dos Elementos Finitos, a técnica de discretização mais popular introduzida após o advento dos computadores eletrônicos digitais de programa armazenado.

O Capítulo 9 é uma introdução à estabilidade de placas finas.

Alguns códigos escritos nas linguagens MATLAB ou Scilab são apresentados nos Anexos 1 e 2, com o intuito de fornecer exemplos práticos para melhor visualização da teoria.

CAPÍTULO 2
Introdução à estabilidade de sistemas dinâmicos

2.1 SISTEMAS DINÂMICOS

Considere que a evolução temporal de um fenômeno físico qualquer possa ser modelada por um conjunto de n funções $y_i(t)(i=1,\cdots n)$, chamadas *variáveis de estado*, que podem ser reunidas em um vetor $\{y\}=\{y(t)\}$. O espaço matemático n-dimensional definido por essas variáveis é o *espaço de estado* ou *espaço de fase*, em que o ponto na extremidade do vetor descreve uma trajetória no tempo. No caso bidimensional, esse espaço é denominado plano de fase. A taxa de variação no tempo dessas funções é um sistema de equações diferenciais ordinárias de primeira ordem:

$$\{\dot{y}\}=\{f(\{y\}),t\} \tag{2.1}$$

ou, por extenso,

$$\begin{aligned}
\dot{y}_1 &= f_1(y_1,y_2,\cdots,y_n,t)\\
\dot{y}_2 &= f_2(y_1,y_2,\cdots,y_n,t)\\
&\dots\\
\dot{y}_n &= f_n(y_1,y_2,\cdots,y_n,t)
\end{aligned}$$

no qual o ponto sobre a variável, na notação de Newton (1643-1727), indica a derivada no tempo. A Equação (2.1) também é chamada de fluxo do sistema, uma nomenclatura também devida a Newton. Essas equações são chamadas de diferenciais por envolverem derivadas, de ordinárias por serem derivadas com respeito a uma só variável independente, o tempo t, e de primeira ordem por serem apenas derivadas primeiras. Podem ser lineares ou não lineares.

Esse sistema pode ser não autônomo se depender explicitamente do tempo, e autônomo, caso contrário. Uma técnica matemática para transformar um sistema não autônomo em autônomo é acrescentar mais uma variável de estado $y_{n+1} = t$, de forma que $\dot{y}_{n+1} = 1$.

Integrar o Sistema (2.1) significa achar uma função vetorial do tempo $\{\varphi(t)\}$ que satisfaça essa equação para determinado conjunto de condições iniciais $\{\varphi_0\}$ no instante inicial t_0.

2.2 ESTABILIDADE

Seja $\{\varphi(t)\}$ a solução da Equação (2.1) para condições iniciais $\{\varphi_0\}$ no tempo inicial t_0. O que se quer é avaliar a estabilidade dessa solução. Para isso, admite-se uma perturbação nas condições iniciais, que passem a valer $\{y_0\}$, levando a uma evolução no tempo $\{y(t)\}$. Sejam ε um valor pequeno positivo e $\delta = \delta(\varepsilon)$ uma região pequena no espaço de fase em torno das condições iniciais da solução cuja estabilidade está sendo avaliada, tais que

$$\left\|\{y_0\}-\{\varphi_0\}\right\| \le \delta(\varepsilon) \tag{2.2}$$

em que as barras duplas representam o comprimento do vetor, sua norma euclidiana.

A solução é dita estável, no sentido de Lyapunov, se, para todo tempo $t \ge t_0$, verifica-se

$$\left\|\{y(t)\}-\{\varphi(t)\}\right\| \le \varepsilon \tag{2.3}$$

ou seja, o ponto que representa o estado do sistema no espaço de estado está contido numa hiperesfera de raio ε. No caso de um problema bidimensional, é uma circunferência com esse raio. Em três dimensões, uma esfera. Caso contrário, a solução é dita instável, no sentido de Lyapunov.

Se

$$\lim_{t\to\infty}\left\|\{y(t)\}-\{\varphi(t)\}\right\| = 0 \tag{2.4}$$

a solução é dita assintoticamente estável.

Com base nessas definições, pode-se conceituar estabilidade como a seguir.

Considere-se um estado básico ou fundamental e um estado perturbado. Se a distância entre eles permanece entre limites preestabelecidos para qualquer tempo quando perturbações arbitrárias agem sobre o sistema, o estado básico é estável.

Um conceito mais relaxado e mais adequado à engenharia é: estabilidade é a tendência de um sistema a permanecer próximo a sua configuração básica quando perturbações pequenas o encorajam a abandoná-la.

2.3 ESTABILIDADE DO EQUILÍBRIO

Nas aplicações normais, o interesse está na estabilidade das soluções triviais, isto é, na estabilidade de pontos fixos (velocidades nulas), em que, para condições iniciais nulas, $\{\varphi_0\} = \{0\}$, o sistema permanece em repouso, $\{\varphi(t)\} = \{0\}$, para qualquer tempo. Nesses casos, faz-se a mudança de variáveis

$$\{x(t)\} = \{y(t)\} - \{\varphi(t)\} \tag{2.5}$$

e estuda-se a estabilidade da evolução do estado perturbado $\{x(t)\}$, dado pelo sistema dinâmico

$$\{\dot{x}(t)\} = \{f(\{x\},t)\} \tag{2.6}$$

2.3.1 SISTEMAS LINEARES

Como uma preliminar, estuda-se o caso de uma única equação diferencial ordinária linear

$$\dot{x} = ax \tag{2.7}$$

com a constante, cuja conhecida solução é

$$x = ce^{\lambda t} \tag{2.8}$$

em que c é uma constante de integração, que, substituída em (2.7), resulta $c\lambda e^{\lambda t} = ace^{\lambda t}$, de forma que $\lambda = a$. Determina-se a constante c aplicando-se a condição inicial $x_0 = ce^{a0}$, de forma que, finalmente, a solução de (2.7) é

$$x = x_0 e^{at} \tag{2.9}$$

No caso multidimensional da Equação (2.6), para um sistema linear autônomo,

$$\{\dot{x}\}=[A]\{x\} \tag{2.10}$$

temos a solução

$$\{x\}=\{c\}e^{\lambda t} \tag{2.11}$$

em que $\{c\}$ é um vetor de constantes de integração. Substituindo-se (2.11) em (2.10), temos

$$\lambda\{c\}e^{\lambda t}=[A]\{c\}e^{\lambda t}$$

$$\big[[A]-\lambda[I]\big]\{c\}=\{0\} \tag{2.12}$$

um sistema de equações algébricas lineares homogêneo, em que $[I]$ é a matriz identidade de mesma dimensão n que o sistema, o qual só tem soluções não triviais se

$$det\big[[A]-\lambda[I]\big]=0 \tag{2.13}$$

uma equação polinomial de grau n na variável λ, cujas soluções $\lambda_i\,(i=1,\cdots,n)$ são os autovalores de $[A]$. Seus autovetores associados são os vetores $\{c_i\}(i=1,\cdots,n)$. Esses autovalores são, em geral, complexos $\lambda = Re+i\,Im$. Assim, a solução (2.11) do sistema dinâmico (2.10) tem a forma

$$\{x\}=\{c\}e^{(Re+i\,Im)t}=\{c\}e^{Ret}e^{i\,Im\,t} \tag{2.14}$$

em que $e^{i\,Im\,t}$ é uma vibração livre não amortecida em torno da origem, de acordo com a famosa fórmula de Euler $e^{i\,\omega\,t}=\cos\omega\,t+i\,\sin\omega\,t$.

A análise da Equação (2.14) permite definir as regras gerais da estabilidade do ponto fixo do sistema linear (2.10):

- se todas as partes reais Re dos autovalores λ de $[A]$ forem negativas, o ponto fixo é assintoticamente estável;
- se pelo menos uma das partes reais Re dos autovalores λ de $[A]$ for positiva, o ponto fixo é instável;
- se pelo menos uma das partes reais Re dos autovalores λ de $[A]$ for nula, tem--se um caso crítico que exige um estudo mais elaborado da estabilidade.

2.3.2 SISTEMAS NÃO LINEARES

Como uma preliminar, recorde-se a expressão da expansão em Série de Taylor de uma função $f(x)$ em torno de x_0:

$$f(x) = f(x_0) + f'(x_0)h + \frac{1}{2}f''(x_0)h^2 + \cdots \tag{2.15}$$

em que a linha à direita da função representa sua derivada em x e $h = x - x_0$. Da mesma forma, para uma função vetorial de várias variáveis $\{f\} = \{f(\{x\})\}$, a expansão em Série de Taylor, até primeira ordem, é

$$\{f(\{x\})\} = \{f(\{x_0\})\} + [J(\{x_0\})]\{h\} + \cdots \tag{2.16}$$

em que $\{h\} = \{x\} - \{x_0\}$, um vetor n x 1, e $[J(\{x_0\})]$ é a *Matriz Jacobiana n* x *n* da função, calculada em $\{x_0\}$. Genericamente, a Matriz Jacobiana m x n de um vetor de m funções de n variáveis é

$$[J(\{x\})] = \begin{bmatrix} \frac{\partial f_1}{\partial x_1} & \frac{\partial f_1}{\partial x_2} & \cdots & \frac{\partial f_1}{\partial x_n} \\ \frac{\partial f_2}{\partial x_1} & \frac{\partial f_2}{\partial x_2} & \cdots & \frac{\partial f_2}{\partial x_n} \\ \vdots & \vdots & \cdots & \vdots \\ \frac{\partial f_m}{\partial x_1} & \frac{\partial f_m}{\partial x_2} & \cdots & \frac{\partial f_m}{\partial x_n} \end{bmatrix} \tag{2.17}$$

Como se observa, uma Matriz Jacobiana não é necessariamente quadrada, n x n, como ela é no presente caso. Aqui, por se partir de condições iniciais nulas, a expansão da Equação (2.16) simplifica-se para uma série de McLaurin:

$$\{f(\{x\})\} = [J(\{x_0\})]\{x\} + \cdots \tag{2.18}$$

e o estudo da estabilidade de (2.16) pode ser conduzido como feito para o caso de sistemas lineares (2.10), fazendo-se

$$[A] = [J(\{x_0\})] \tag{2.19}$$

Esse procedimento equivale a uma linearização do problema. Existem teoremas que balizam a extensão da validade das conclusões tiradas do caso linear, que serão comentados mais adiante, na Seção 2.5, após alguns exemplos simples.

2.4 EXEMPLOS

2.4.1 O VIBRADOR LINEAR DE UM GRAU DE LIBERDADE

Seja um vibrador composto de uma massa m ligada a um referencial fixo por uma mola linear de rigidez k e um amortecedor viscoso linear de coeficiente de amortecimento c. O deslocamento da massa em relação ao referencial é $u = u(t)$. A equação do movimento é uma EDO linear de segunda ordem. Na ausência de carregamento externo:

$$\begin{aligned} m\ddot{u} + c\dot{u} + ku &= 0 \\ \ddot{u} + \xi\dot{u} + \omega^2 u &= 0 \end{aligned} \tag{2.20}$$

em que ω^2 é o quadrado da frequência de vibração livre não amortecida do sistema, em radianos por segundo, e ξ é a taxa de amortecimento, a relação entre o amortecimento presente e o amortecimento crítico, em que cessam as vibrações. A transformação dessa EDO de segunda ordem em um sistema de EDOs de primeira ordem se faz pela mudança de variáveis $x_1 = u,\ x_2 = \dot{u}$, levando a

$$\{\dot{x}\} = [A]\{x\} \tag{2.21}$$

$$\begin{Bmatrix} \dot{x}_1 \\ \dot{x}_2 \end{Bmatrix} = \begin{bmatrix} 0 & 1 \\ -\omega^2 & -\xi \end{bmatrix} \begin{Bmatrix} x_1 \\ x_2 \end{Bmatrix}$$

Os autovalores de $[A]$ são

$$\lambda_{1,2} = -\frac{\xi}{2} \pm \sqrt{\frac{\xi^2}{4} - \omega^2} \tag{2.22}$$

que serão usados na Seção 4.3 para estudo da estabilidade do equilíbrio.

2.4.2 O VIBRADOR NÃO LINEAR DE UM GRAU DE LIBERDADE

Seja um pêndulo com uma massa m, sob efeito da aceleração da gravidade g, ligado a um referencial fixo por uma haste rígida sem massa de comprimento L. O deslocamento angular da haste com relação à vertical é $\theta = \theta(t)$. Considera-se amortecimento proporcional à velocidade angular. A EDO de 2ª ordem do movimento, na ausência de outro carregamento além do peso próprio, é

$$mL^2\ddot{\theta} + c\dot{\theta} + mg\sin\theta = 0$$

$$\ddot{\theta} + \frac{c}{mL^2}\dot{\theta} + \frac{g}{L}\sin\theta = 0 \tag{2.23}$$

$$\ddot{\theta} + \xi\dot{\theta} + \omega^2\sin\theta = 0$$

Para transformação dessa EDO de 2ª ordem em um sistema de EDOs de 1ª ordem, faz-se a mudança de variáveis $x_1 = \theta$, $x_2 = \dot{\theta}$, levando a:

$$\begin{Bmatrix} \dot{x}_1 \\ \dot{x}_2 \end{Bmatrix} = \begin{Bmatrix} f_1 \\ f_2 \end{Bmatrix} = \begin{Bmatrix} x_2 \\ -\omega^2\sin x_1 - \xi x_2 \end{Bmatrix} \tag{2.24}$$

A Matriz Jacobiana é:

$$\left[J\left(\{x\}\right)\right] = \begin{bmatrix} 0 & 1 \\ -\omega^2\cos x_1 & -\xi \end{bmatrix}$$

que, calculada em $\{x_0\} = \{0\}$, o pêndulo em repouso, é:

$$\left[J\left(\{x_0\}\right)\right] = \begin{bmatrix} 0 & 1 \\ -\omega^2 & -\xi \end{bmatrix}$$

idêntica à matriz $[A]$ do vibrador linear da Seção 2.4.1. Há outro ponto de equilíbrio em $\theta = \pi$, o pêndulo invertido, que é instável.

2.4.3 ESTUDO DA ESTABILIDADE

Analisam-se, a seguir, os autovalores da matriz $[A]$ obtida nas Seções 2.4.1 e 2.4.2, para pares de valores $\left(\omega^2, \xi\right)$, nos intervalos $-\infty \leq \omega^2 \leq +\infty$ e $-\infty \leq \xi \leq +\infty$.

Caso 1: λ_1 e λ_2 reais e distintos:

a) se λ_1 e $\lambda_2 > 0$, nodo instável;

b) se λ_1 e $\lambda_2 < 0$, nodo estável;

c) se $\lambda_1\lambda_2 < 0$, ponto de sela ou ponto fixo hiperbólico, instável.

Caso 2: λ_1 e λ_2 complexos conjugados:

a) se as partes reais forem negativas, foco estável;

b) se as partes reais forem positivas, foco instável.

Caso 3: $\lambda_1 = \lambda_2 \neq 0$, raízes múltiplas:

a) se $\lambda_1 = \lambda_2 < 0$, nó impróprio (estável) ou nó estrela (estável);

b) se $\lambda_1 = \lambda_2 > 0$, nó impróprio (instável) ou nó estrela (instável).

Para sistemas conservativos, isto é, sem amortecimento,

a) pontos fixos elípticos se $\frac{\xi^2}{4} - \omega^2 > 0$, autovalores imaginários puros, centro estável;

b) pontos fixos hiperbólicos se $\frac{\xi^2}{4} - \omega^2 < 0$.

2.5 VALIDADE DAS CONCLUSÕES SOBRE ESTABILIDADE TIRADAS DO MODELO LINEAR PARA O MODELO NÃO LINEAR LINEARIZADO

A questão é se podem ser estendidas as conclusões sobre a estabilidade de pontos fixos obtidas no modelo linear para modelos não lineares linearizados nesses pontos. Teoremas devidos a Andropov, Hartman-Grobman e Chetaév, entre outros, confirmam que as conclusões são seguras no caso de focos, nodos e pontos de sela, mas não são seguras nos casos chamados *borderline*, os nodos-estrela, nodos degenerados, pontos fixos não isolados e centros. Nesses casos, em que pelo menos um dos autovalores da Matriz Jacobiana possui parte real nula, diz-se que nada se pode afirmar.

2.6 MÉTODO DIRETO DE LYAPUNOV

Lyapunov, em 1892, propôs um método geral para análise da estabilidade de uma solução de equilíbrio para sistemas lineares ou não lineares. Suponha-se a existência de uma função escalar das variáveis de estado $V = V(\{x\})$, contínua e com derivadas contínuas em torno da origem, chamada função de Lyapunov. Se essa função for positivo-definida na origem ($V \geq 0$ e $V = 0$ somente se $\{x\} = 0$), isto é, se tiver um mínimo estrito na origem, e sua derivada temporal for $\frac{dV}{dt} \leq 0$, então o ponto fixo é estável. Essa última condição é calculada por

$$\frac{dV}{dt} = \sum_{i=1}^{n} \frac{\partial V}{\partial x_i} \dot{x}_i = \sum_{i=1}^{n} \frac{\partial V}{\partial x_i} f_i(\{x\}) \tag{2.25}$$

Infelizmente, não há um procedimento sistemático para construir essa função de Lyapunov no caso geral. Strogatz afirma que normalmente se apela para uma soma ponderada de quadrados ou para a inspiração divina...

Exemplo 1: verificar a estabilidade do ponto de equilíbrio trivial do sistema

$$\dot{x}_1 = f_1 = -x_1^3 - x_2$$

$$\dot{x}_2 = f_2 = x_1 - x_2^3$$

A função de Lyapunov é $V = x_1^2 + x_2^2$, que tem um mínimo estrito na origem, e

$$\frac{dV}{dt} = -2x_1\left(x_1^3 + x_2\right) + 2x_2\left(x_1 - x_2^3\right) = -2\left(x_1^4 + x_2^4\right) \leq 0$$

indicando que a solução trivial é assintoticamente estável.

Exemplo 2: verificar a estabilidade do ponto de equilíbrio trivial do sistema

$$\dot{x}_1 = f_1 = -x_1 x_2^4$$

$$\dot{x}_2 = f_2 = x_1^4 x_2$$

A função de Lyapunov é $V = x_1^4 + x_2^4$, que tem um mínimo estrito na origem, e

$$\frac{dV}{dt} = -4x_1^4 x_2^4 + 4x_1^4 x_2^4 = 0$$

indicando que a solução trivial é estável.

2.7 TEOREMA DE LAGRANGE-DIRICHLET

O método direto de Lyapunov é uma generalização de ideias antigas sobre a estabilidade do equilíbrio de sistemas mecânicos, que, intuitivamente, se percebe ocorrer quando a energia mecânica é mínima. Mais claramente, reconhece-se que o equilíbrio é uma situação de energia mecânica estacionária. E será estável se for um mínimo e instável se um máximo. Essa percepção remonta a Torricelli em 1640. Conceitualmente, deve-se visualizar um vale em cujo fundo uma bolinha está em equilíbrio. Para qualquer lado que se introduza uma perturbação, a energia potencial cresce e a bolinha volta por si própria para seu ponto de equilíbrio estável. Inversamente, no caso de uma bolinha em equilíbrio no topo de uma colina, se ela sofre uma perturbação para qualquer lado, a energia potencial decresce e a bolinha foge desse equilíbrio instável.

Foi com esses conceitos que o grande Lagrange enunciou, em 1788, um teorema, provado décadas depois por Dirichlet:

Se a energia potencial total de um sistema mecânico conservativo apresenta um ponto de mínimo, então esse ponto é estável.

Essa é a condição necessária. Ao que parece, a condição suficiente não foi provada até recentemente, quando um trabalho de Peter Hagendorn, engenheiro formado na EPUSP, hoje radicado na Alemanha, aparentemente apresentou essa prova.

CAPÍTULO 3

Trajetórias de equilíbrio e sua estabilidade

Neste capítulo, se apresentam os teoremas básicos do enfoque moderno da Teoria da Estabilidade das Estruturas. Em consequência deles, são catalogados os comportamentos críticos fundamentais que podem ocorrer e sua sensibilidade a imperfeições.

Nos desenvolvimentos se aplica o Teorema de Lagrange-Dirichlet. A energia potencial total (EPT) de um sistema discreto caracterizado por n coordenadas generalizadas $q_r\left(r=1,2,\cdots n\right)$, sob carregamento conservativo não giroscópico, definido por um único parâmetro de carga p, pode ser colocada na forma $V=V\left(q_1, q_2,\cdots q_n, p\right)$, e a condição de equilíbrio é imposta pela estacionariedade dessa EPT $\dfrac{\partial V}{\partial q_r}=0, \left(r=1,2,\cdots n\right)$. As soluções equilibradas na forma $p=p\left(q_1, q_2,\cdots q_n\right)$, representadas em um espaço $q_1, q_2,\cdots q_n \times p$, constituem trajetórias de equilíbrio nesses espaços.

3.1 TEOREMAS FUNDAMENTAIS (THOMPSON)

Há duas formas pelas quais uma estrutura pode perder sua estabilidade, obedecendo aos teoremas cujos enunciados, sem provas, são apresentados em 3.1.1 e 3.1.2.

3.1.1 BIFURCAÇÃO DO EQUILÍBRIO

Uma trajetória de equilíbrio inicialmente estável, dita primária, crescendo monotonicamente com o parâmetro de carregamento, não pode se tornar instável sem interceptar uma outra trajetória de equilíbrio, dita secundária, estável ou não, e a configuração primária se torna necessariamente instável. O ponto em que isso ocorre é dito um *ponto de bifurcação de equilíbrio.*

Na Figura 3.1, para um sistema de uma única coordenada generalizada q, são representadas trajetórias de equilíbrio que se interceptam no plano $p \times q$, em que também se representa a EPT para certos níveis de p. Notem-se os sinais das derivadas primeiras da EPT. Esses sinais passam de negativo a positivo na parte estável da trajetória primária, da esquerda para a direita. Após interceptar uma trajetória secundária, a primária se torna instável, com um máximo da EPT, e os sinais de sua derivada primeira passam de positivo para negativo, da esquerda para a direita. Para que isso seja possível, ela deve ter necessariamente cruzado outra trajetória de equilíbrio, não necessariamente estável.

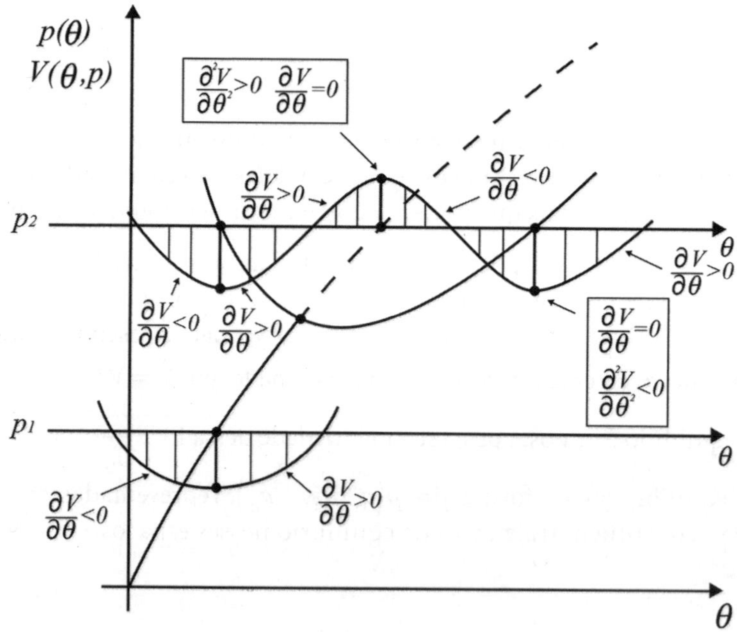

Figura 3.1 Bifurcação de equilíbrio típica.

3.1.2 PONTO-LIMITE

Uma trajetória de equilíbrio incialmente estável, dita primária, crescendo monotonicamente com o parâmetro de carregamento, não pode alcançar um estado instável, a partir do qual ocorra deslocamento dinâmico em busca de outros estados de equilíbrio distantes, sem que se aproxime de uma trajetória de equilíbrio que pode ser a continuação da própria primária, com valores do parâmetro de carregamento inferiores. Em outras palavras, caso se tenha uma estrutura em equilíbrio numa configuração primária estável e o carregamento seja incrementado até um ponto em que não seja possível aumentá-lo ainda mais e não haja nenhuma configuração secundária alternativa próxima, esse ponto é dito *ponto-limite.*

Na Figura 3.2, para um sistema de uma única coordenada generalizada q, é representada uma trajetória de equilíbrio no plano $p \times q$, em que também se representa a EPT para certos níveis de p. Note-se, pelos sinais das derivadas primeiras da EPT, que não é possível o equilíbrio acima de um ponto-limite de p.

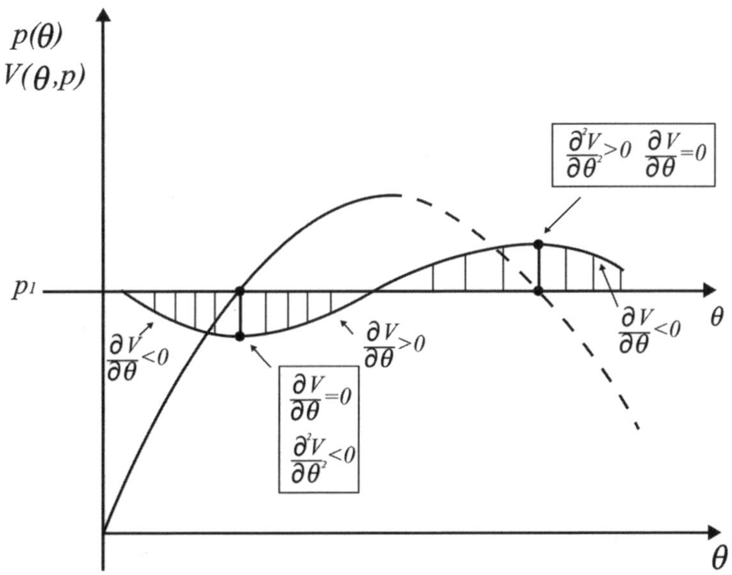

Figura 3.2 Ponto-limite típico.

3.2 COMPORTAMENTOS CRÍTICOS FUNDAMENTAIS

Os comportamentos críticos fundamentais são quatro:

- ponto de bifurcação simétrica estável;
- ponto de bifurcação simétrica instável;
- ponto de bifurcação assimétrica;
- ponto-limite.

3.2.1 PONTO DE BIFURCAÇÃO SIMÉTRICA ESTÁVEL

Considere-se o modelo discreto da Figura 3.3a, composto de duas barras rígidas articuladas de comprimento L (m), sem massa, inicialmente colineares, unidas por uma mola de torção linear de rigidez K_T (Nm/rad) e carregadas por uma carga axial P (N).

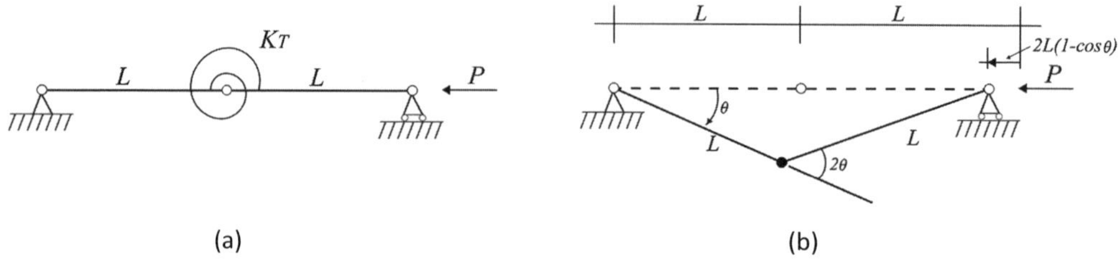

Figura 3.3 Modelo de bifurcação simétrica estável: (a) configuração primária; (b) configuração secundária.

Se for admitida a configuração alternativa secundária mostrada na Figura 3.3b, definida pelo ângulo θ, a coordenada generalizada adotada, a EPT é:

$$V(\theta)=\frac{1}{2}K(2\theta)^2-2PL(1-\cos\theta) \tag{3.1}$$

que equivale à energia de deformação U da mola menos o trabalho W de P, e o equilíbrio é dado por:

$$\frac{dV}{d\theta}=0=4k\theta-2PL\sin\theta \tag{3.2}$$

Instituindo o parâmetro de carregamento $p=\dfrac{PL}{2K}$, verifica-se a existência de duas possíveis configurações. A primária, trivial, em que $\theta=0$, e uma secundária, $p=\dfrac{\theta}{\sin\theta}$, que só existe para $p\geq 1$. Em virtude do teorema mencionado na Seção 3.1.1, acima desse valor do parâmetro de carregamento p, a configuração trivial se torna instável. Resta verificar a estabilidade da configuração secundária. Para isso, de acordo com o teorema de Lagrange, deve-se verificar se o ponto estacionário da EPT é um mínimo ou um máximo. Nesse caso de um só grau de liberdade, verifica-se o sinal da derivada segunda:

$$\frac{d^2V}{d\theta^2}=4K-PL\cos\theta=4K(1-p\cos\theta) \tag{3.3}$$

que é sempre positiva, correspondendo a um mínimo da EPT, e a configuração é sempre estável. O ponto crítico em que ocorre a bifurcação de equilíbrio corresponde a $P_{crit} = \dfrac{2K}{L}$. Uma ilustração dessas conclusões é mostrada na Figura 3.4a, em que as trajetórias estáveis são desenhadas em linha cheia, e as instáveis, em linha tracejada. Na Figura 3.4b, é mostrada a variação da EPT com θ para um certo nível do parâmetro de carga *p*.

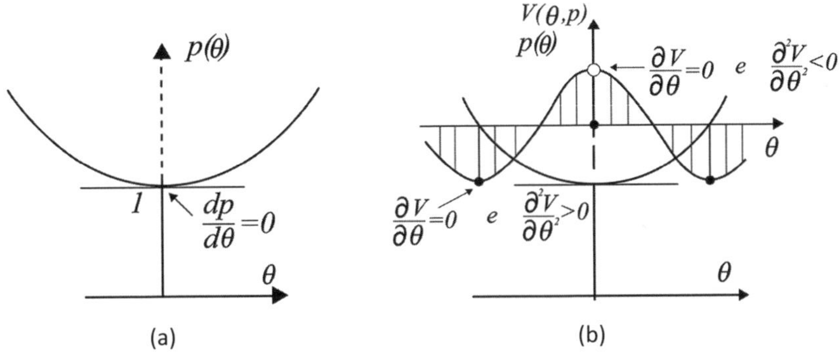

Figura 3.4 Modelo de bifurcação simétrica estável: (a) regiões de estabilidade; (b) variação da energia potencial total (EPT).

Como no mundo real não existe uma estrutura perfeita, considere a presença de uma imperfeição dada por um ângulo inicial θ_0, conforme a Figura 3.5.

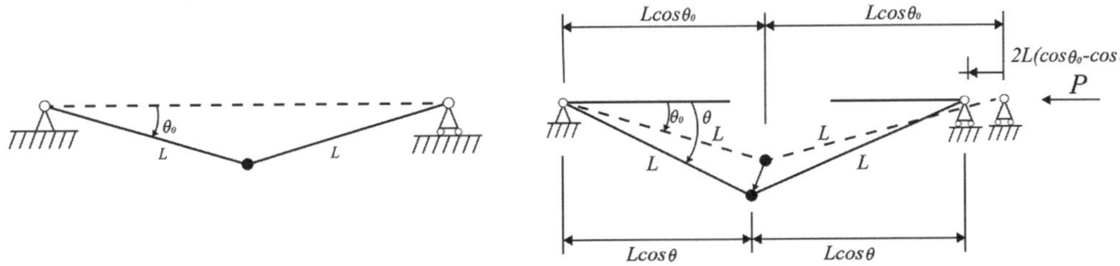

Figura 3.5 Efeito de imperfeições em bifurcações simétricas estáveis.

A EPT, a energia de deformação *U* da mola menos o trabalho *W* de *P*, se escreve:

$$V(\theta, P, \theta_0) = 2K(\theta - \theta_0)^2 - 2PL(\cos\theta_0 - \cos\theta) \tag{3.4}$$

de forma que o equilíbrio é dado por:

$$\frac{dV}{d\theta} = 0 = 4k(\theta - \theta_0) - 2PL\sin\theta \tag{3.5}$$

que, usando o mesmo parâmetro de carregamento p já definido, sendo a trajetória trivial $\theta = 0$ impossível, leva a uma só trajetória de equilíbrio:

$$p = \frac{\theta - \theta_0}{\sin\theta} \tag{3.6}$$

Para estudo de sua estabilidade, verifica-se o sinal da derivada segunda:

$$\frac{d^2V}{d\theta^2} = 4K\left(1 - \frac{\theta - \theta_0}{\tan\theta}\right) \tag{3.7}$$

que é sempre positivo, concluindo-se que essa trajetória é sempre estável. Esse modelo é, portanto, pouco sensível a imperfeições.

Note, na Figura 3.6, que a presença da imperfeição elimina a bifurcação. Quanto menor a imperfeição inicial θ_0, mais a trajetória se aproxima das do modelo perfeito.

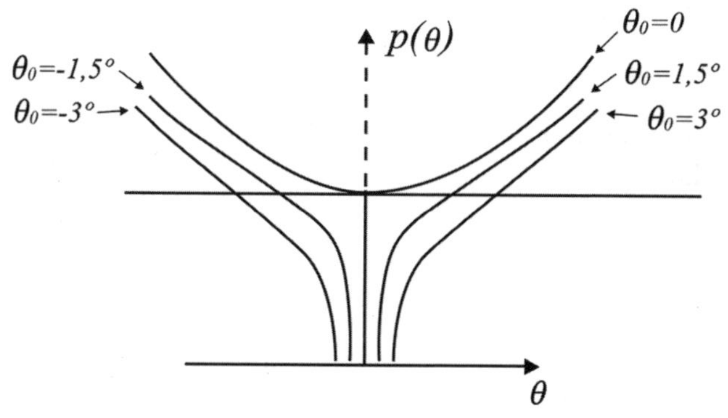

Figura 3.6 Trajetórias de equilíbrio em função do valor da imperfeição.

A imperfeição não precisa ser necessariamente um ângulo inicial; pode ser uma pequena carga transversal às barras ou a força axial sendo aplicada com uma pequena excentricidade.

Uma das estruturas que se comportam como esse modelo são as colunas comprimidas, na chamada flambagem de Euler.

3.2.2 PONTO DE BIFURCAÇÃO SIMÉTRICA INSTÁVEL

Considere o modelo discreto da Figura 3.7a, composto de duas barras rígidas articuladas de comprimento L (m), sem massa, inicialmente colineares, com molas lineares de rigidez K (N/m) transversais às barras na articulação central e carregadas por uma carga axial P (N).

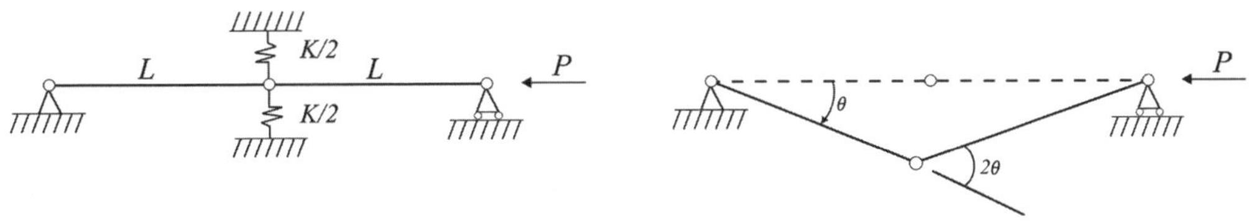

Figura 3.7 Modelo de bifurcação simétrica instável: (a) configuração primária; (b) configuração secundária.

Se for admitida a configuração alternativa secundária mostrada na Figura 3.7b, definida pelo ângulo θ, a coordenada generalizada adotada, a EPT é

$$V(\theta) = KL^2\sin^2\theta - 2PL(1-\cos\theta) \tag{3.8}$$

a energia de deformação U da mola menos o trabalho W de P, e o equilíbrio é dado por

$$\frac{dV}{d\theta} = 0 = 2KL^2\sin\theta\cos\theta - 2PL\sin\theta \tag{3.9}$$

Instituindo o parâmetro de carregamento $p = \dfrac{P}{KL}$, verifica-se a existência de duas possíveis configurações. A primária, trivial, em que $\theta = 0$, e uma secundária, $p = \cos\theta$. Em virtude do teorema mencionado na Seção 3.1.1, acima do valor $p = 1$, a configuração trivial se torna instável. Resta verificar a estabilidade da configuração secundária. Para isso, de acordo com o teorema de Lagrange, deve-se verificar se o ponto estacionário da EPT é um mínimo ou um máximo. Nesse caso de um só grau de liberdade, verifica-se o sinal da derivada segunda:

$$\frac{d^2V}{d\theta^2} = 2KL^2\left(\cos^2\theta - \sin^2\theta\right) - 2PL\cos\theta = 2KL^2\left(\cos^2\theta - \sin^2\theta - p\cos\theta\right) \tag{3.10}$$

Nota-se que, para a trajetória secundária, essa derivada segunda vale $-sin^2\theta$, que é sempre negativo, correspondendo a um máximo da EPT, sendo sempre instável. O ponto crítico em que ocorre a bifurcação de equilíbrio corresponde a $P_{crit} = KL$. Uma ilustração dessas conclusões é mostrada nas Figura 3.8a, em que as trajetórias estáveis são desenhadas em linha cheia, e as instáveis, em linha tracejada. Na Figura 3.8b, é mostrada a variação da EPT com θ para um certo nível do parâmetro de carga p.

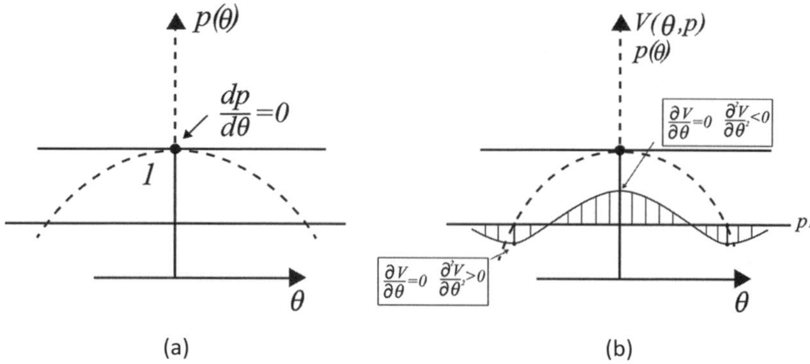

Figura 3.8 Modelo de bifurcação simétrica instável: (a) regiões de estabilidade; (b) variação da EPT.

Como no mundo real não existe uma estrutura perfeita, considere a presença de uma imperfeição dada por um ângulo inicial θ_0, conforme a Figura 3.9.

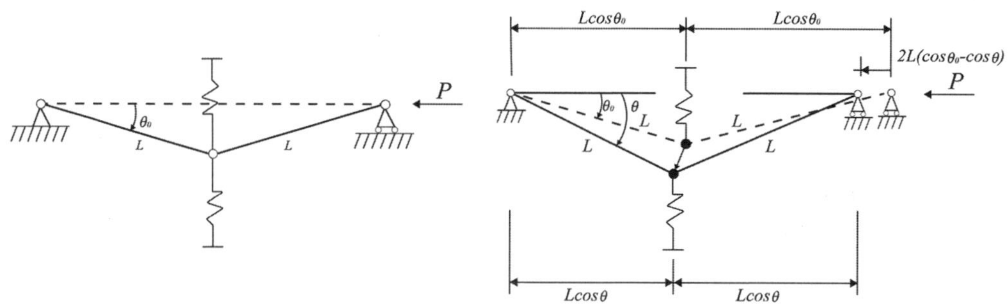

Figura 3.9 Efeito de imperfeições em bifurcações simétricas instáveis.

Um desenvolvimento analítico da EPT e suas derivadas se torna bastante difícil nesse caso, e é melhor apelar para simulações numéricas, que levam às conclusões mostradas nas Figuras 3.10a e 3.10b.

Note-se, nessas figuras, que a presença da imperfeição elimina a bifurcação, fazendo surgirem pontos-limite cuja carga máxima é menor que a carga crítica da bifurcação, como indicado na Figura 3.10b. Em outras palavras, esse modelo é perigoso, muito sensível a imperfeições, que, quando presentes, levam a cargas-limite de instabilidade menores que as previstas pelo modelo perfeito.

Estruturas que se comportam como esse modelo são:

- arcos abatidos com cargas ligeiramente assimétricas;
- cascas esféricas sob pressão externa;

- cascas cilíndricas, como as das aeronaves, comprimidas axialmente ou sob pressão externa (vide estudos de Von Karman, Tsien e Donnel em Timoshenko e Gere (1961)).

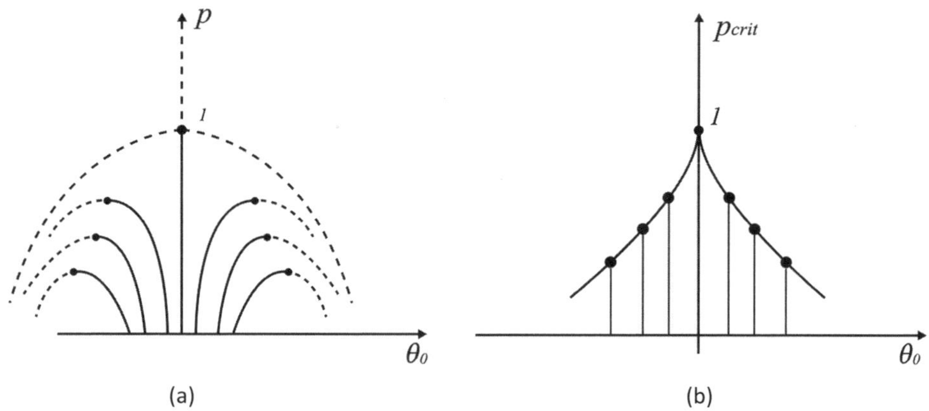

Figura 3.10 (a) Trajetórias de estabilidade; (b) efeito das imperfeições sobre a carga crítica.

3.2.3 PONTO DE BIFURCAÇÃO ASSIMÉTRICA

Considere-se o modelo discreto da Figura 3.11, composto de duas barras rígidas articuladas de comprimento L (m), sem massa, inicialmente colineares, com uma mola linear de rigidez K (N/m) inclinada ligada a elas na articulação central e carregadas por uma carga axial P (N).

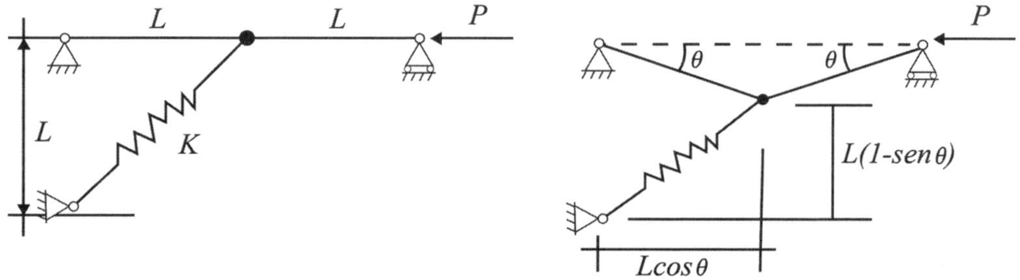

Figura 3.11 Modelo de bifurcação assimétrica, configurações primária e secundária.

Se for admitida a configuração alternativa secundária mostrada na Figura 3.11, definida pelo ângulo θ, a coordenada generalizada adotada, a EPT é:

$$V(\theta)=\frac{1}{2}K\left[L\sqrt{2}\left(1-\sqrt{1-\cos\theta}\right)\right]^2-2PL\left(1-\cos\theta\right) \tag{3.11}$$

a energia de deformação U da mola menos o trabalho W de P, e o equilíbrio é dado por:

$$\frac{dV}{d\theta} = 0 = KL^2 \cos\theta\left(\frac{1}{\sqrt{1-\cos\theta}} - 1\right) - PL\sin\theta \tag{3.12}$$

Instituindo o parâmetro de carregamento $p = \frac{4P}{KL}$, verifica-se a existência de duas possíveis configurações. A primária, trivial, em que $\theta = 0$, e uma secundária:

$$p = \frac{4P}{KL} - 2\cot\theta\left(\frac{1}{\sqrt{1-\cos\theta}} - 1\right) \tag{3.13}$$

Em virtude do teorema mencionado na Seção 3.1.1, acima do valor $p = 1$, a configuração trivial se torna instável. Resta verificar a estabilidade da configuração secundária. Para isso, de acordo com o teorema de Lagrange, deve-se verificar se o ponto estacionário da EPT é um mínimo ou um máximo. Nesse caso de um só grau de liberdade, verifica-se o sinal da derivada segunda. Dada a complexidade da expressão da EPT na Equação (3.11), uma possível alternativa é substituir as funções harmônicas por expansões em séries de Taylor, fazendo

$$\cos\theta \approx 1 - \frac{\theta^2}{2} + \frac{\theta^4}{24} \quad \text{e} \quad \sin\theta \approx \theta - \frac{\theta^3}{6} \tag{3.14}$$

o que leva

$$\frac{d^2V}{d\theta^2} = \frac{KL^2}{2}\left(1 + \frac{3}{8}\theta - \frac{1}{8}\theta^2\right) - 2PL\left(1 - \frac{\theta^2}{2}\right) \tag{3.15}$$

Para deslocamentos θ pequenos, porém diferentes de zero, a estabilidade da trajetória secundária pode ser estudada pelo sinal da Equação (3.15), concluindo-se que é estável para $\theta > 0$ e instável para $\theta < 0$.

O ponto crítico em que ocorre a bifurcação de equilíbrio corresponde a $P_{crit} = KL/2$. Uma ilustração dessas conclusões é mostrada na Figura 3.12, em que as trajetórias estáveis são desenhadas em linha cheia, e as instáveis, em linha tracejada.

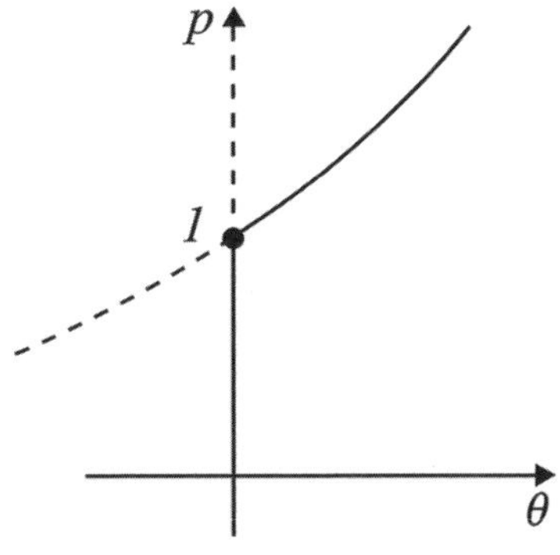

Figura 3.12 Bifurcação assimétrica: trajetórias de estabilidade.

Como no mundo real não existe uma estrutura perfeita, considere-se a presença de uma imperfeição dada por um ângulo inicial θ_0, conforme a Figura 3.13.

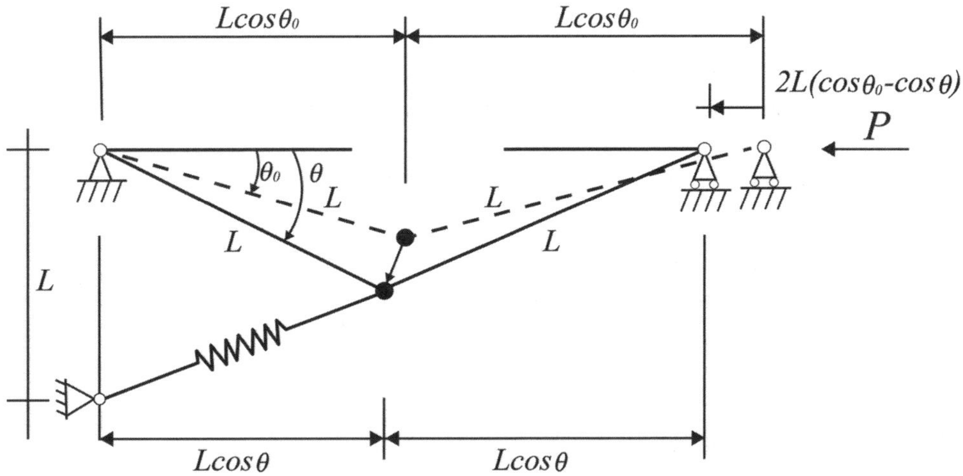

Figura 3.13 Efeito de imperfeições em bifurcações assimétricas.

Um desenvolvimento analítico da EPT e suas derivadas se torna bastante difícil neste caso, e é melhor apelar para simulações numéricas, que levam às conclusões mostradas nas Figuras 3.14a 3.14b.

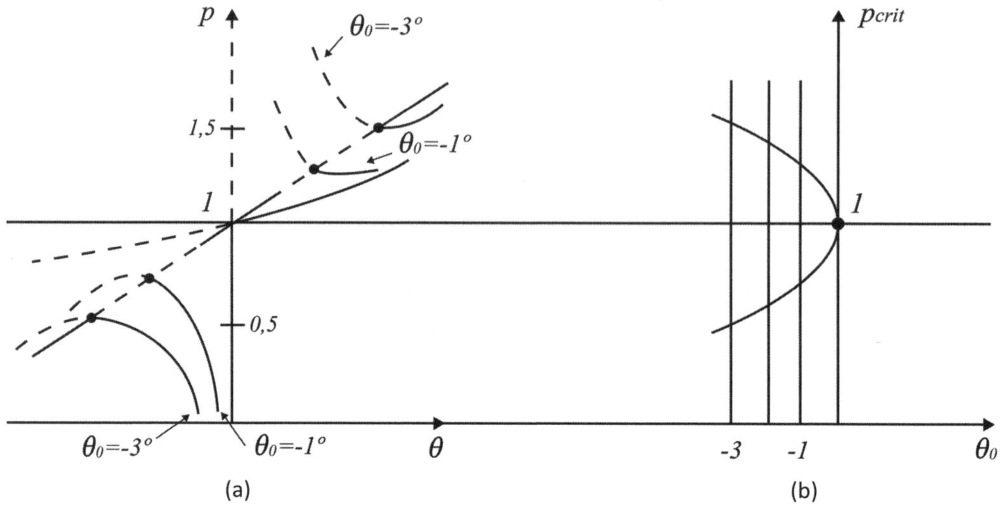

Figura 3.14 Efeito de imperfeições em bifurcações assimétricas: (a) trajetórias de estabilidade; (b) efeito sobre a carga crítica.

Note-se, nessas figuras, que a presença da imperfeição elimina a bifurcação, fazendo surgirem pontos-limite cuja carga máxima é menor que a carga crítica da bifurcação. Em outras palavras, esse modelo é perigoso, muito sensível a imperfeições, que, quando presentes, podem levar a cagas limites de instabilidade menores que as previstas pelo modelo perfeito.

Estruturas que se comportam como esse modelo são alguns modelos de pórticos e treliças quando cargas que deveriam ser nodais têm pequenas excentricidades em relação ao nós.

3.2.4 PONTO-LIMITE

Considere-se o modelo discreto da Figura 3.15, composto de duas barras rígidas articuladas de comprimento L (m), sem massa, inicialmente inclinadas de um ângulo α em relação à horizontal, com uma mola linear de rigidez K (N/m) ligada ao apoio móvel da direita, carregada por uma força P (N) na articulação central. Esse modelo é também conhecido como treliça de Von Mises.

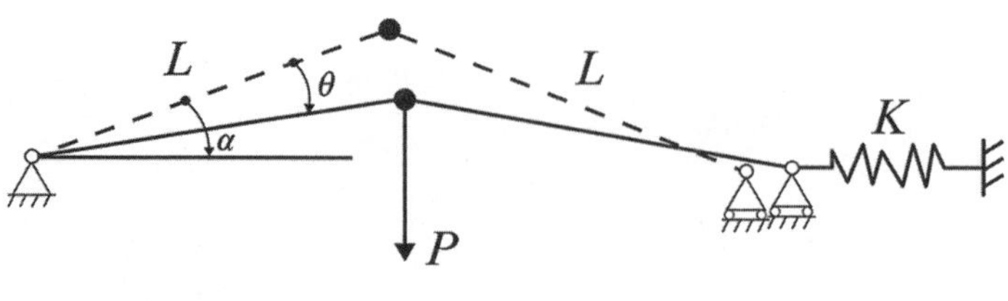

Figura 3.15 Modelo de ponto-limite.

Para qualquer intensidade de P maior que zero, as barras se deslocam de um ângulo θ, a coordenada generalizada adotada, e a EPT é:

$$V(\theta) = KL^2\left[\cos(\alpha-\theta)-\cos\alpha\right]^2 - PL\left[\sin\alpha-\sin(\alpha-\theta)\right] \tag{3.16}$$

a energia de deformação U da mola menos o trabalho W de P, e o equilíbrio é dado por:

$$\frac{dV}{d\theta} = 0 = 4KL^2\left[\cos(\alpha-\theta)-\cos\alpha\right]\sin(\alpha-\theta) - PL\cos(\alpha-\theta) \tag{3.17}$$

Instituindo o parâmetro de carregamento $p = \dfrac{P}{4KL}$, verifica-se a existência de apenas uma configuração possível, dada por:

$$p = \left[\cos(\alpha-\theta)-\cos\alpha\right]\tan(\alpha-\theta) \tag{3.18}$$

O estudo de sua estabilidade se faz pela verificação do sinal da derivada segunda da EPT, Equação (3.16),

$$\frac{d^2V}{d\theta^2} = 4KL^2\left\{\sin^2(\alpha-\theta) - \left[\cos(\alpha-\theta)-\cos\alpha\right]\right\} - PL\sin(\alpha-\theta) \tag{3.19}$$

As conclusões, em resumo, são:

- a trajetória é estável se $\cos^3(\alpha-\theta) < \cos\alpha$;
- a trajetória é instável se $\cos^3(\alpha-\theta) > \cos\alpha$.

Uma ilustração dessas conclusões é mostrada nas Figuras 3.16a e 3.16b, em que as trajetórias estáveis são desenhadas em linha cheia e as instáveis em linha tracejada. Na Figura 3.16b, é mostrada a variação da EPT com θ para um certo nível do parâmetro de carga p.

Aparece aqui o conhecido fenômeno do *snap through*, em que, à medida que o carregamento cresce, ocorre salto dinâmico do primeiro ponto-limite para uma configuração estável bastante afastada. Esse comportamento pode ser observado em treliças, arcos e calotas abatidos.

Quanto às imperfeições, é óbvio que uma imperfeição definida por uma pequena variação do ângulo de inclinação inicial das barras α em nada muda as análises de estabilidade feitas. Seria apenas um valor um pouco diferente desse parâmetro.

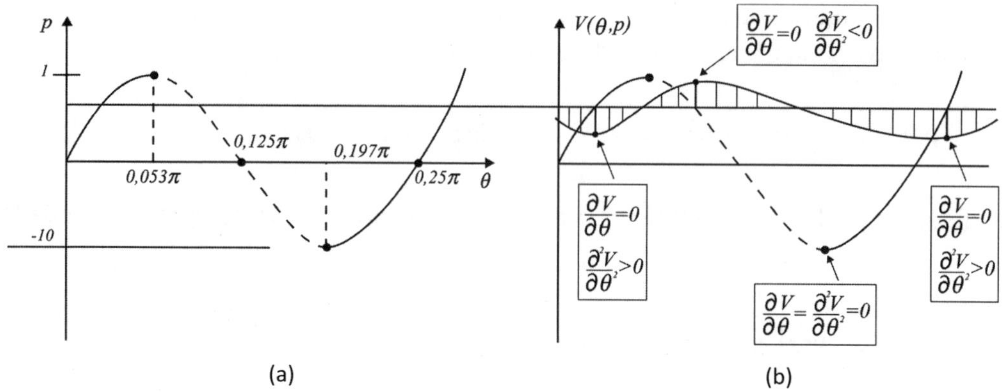

Figura 3.16 Ponto-limite: (a) trajetórias de estabilidade; (b) variação da EPT.

CAPÍTULO 4
Estabilidade de estruturas discretas simples

Neste capítulo são apresentados exemplos de análise de estabilidade do equilíbrio de estrutura simples para os quais uma discretização óbvia permite definir um número finito e pequeno de graus de liberdade.

Para alguns desses exemplos é apresentada a solução. Os outros são propostos como exercício para o leitor sedimentar conceitos.

Essas soluções são feitas com base nos procedimentos dos capítulos anteriores, em especial o Teorema de Lagrange-Dirichlet.

4.1 EXEMPLO 1

Determinar a carga crítica em que ocorre instabilidade por bifurcação de equilíbrio (flambagem) do pórtico simples de um andar da Figura 4.1a, com barras de comprimento L. A coluna AB tem rigidez flexional EI e as barras biarticuladas BC e CD são consideradas rígidas. Determinar ainda a trajetória pós-crítica e verificar sua estabilidade. Considerar o comportamento elástico linear da coluna e desprezar peso próprio.

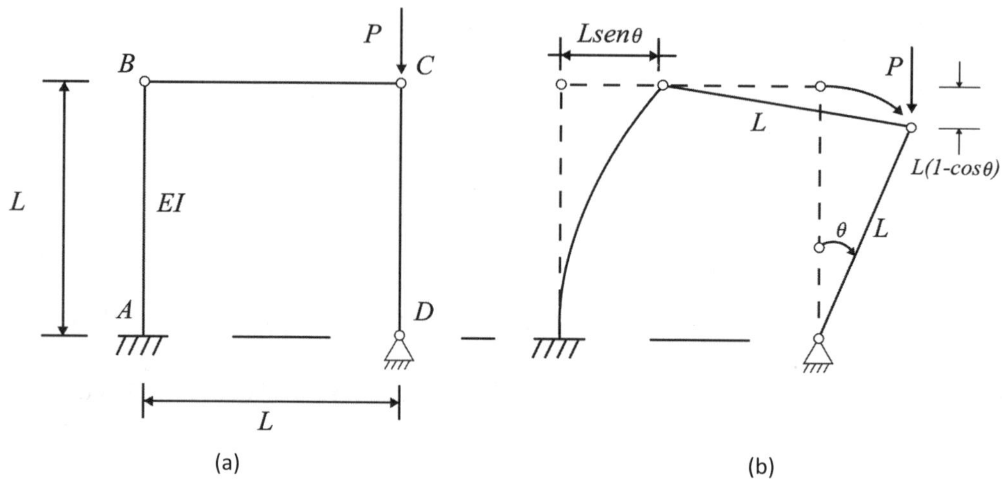

Figura 4.1 Estabilidade de um pórtico simplesmente apoiado: (a) configuração primária; (b) configuração secundária.

Admite-se a existência da configuração alternativa mostrada na Figura 4.1b. A coordenada generalizada adotada é o ângulo θ de rotação da barra rígida CD, resultando no deslocamento horizontal da barra BC $q = L\sin\theta$. Esse é também o deslocamento horizontal da extremidade superior da coluna elástica AB.

A energia de deformação é dada por

$$U = \frac{1}{2}Kq^2 = \frac{1}{2}K\left(L\sin\theta\right)^2 \tag{4.1}$$

em que $K = \frac{3EI}{L^3}$, resultado obtido na resistência dos materiais como a rigidez de uma viga em balanço carregada transversalmente em sua extremidade livre, sendo E o módulo de elasticidade do material e I o momento de inércia da sua seção transversal.

A carga P se desloca na vertical $L(1 - \cos\theta)$, executando o trabalho

$$W = PL\left(1-\cos\theta\right) \tag{4.2}$$

e compondo a energia potencial total $V = U - W$.

O equilíbrio, na posição secundária deslocada, é obtido pela anulação da derivada primeira da EPT:

$$\begin{gathered}\frac{dV}{d\theta} = 0 = KL^2\sin\theta\cos\theta - PL\sin\theta \\ P = KL\cos\theta\end{gathered} \tag{4.3}$$

A carga crítica ocorre para $\theta = 0$, valendo $P_{crit} = KL = \dfrac{3EI}{L^2}$. Para análise da estabilidade da trajetória pós-crítica, verifica-se o sinal da derivada segunda da EPT:

$$\frac{d^2V}{d\theta^2} = KL^2\left(\cos^2\theta - \sin^2\theta\right) - PL\cos\theta$$
$$\frac{d^2V}{d\theta^2} = -KL^2\sin^2\theta \tag{4.4}$$

que é sempre negativa, isto é, sempre instável, por corresponder a um máximo da EPT. Trata-se de uma bifurcação simétrica instável.

4.2 EXEMPLO 2

O pórtico de dois andares da Figura 4.2a é uma extensão do modelo do Exemplo 1. Determinar as duas cargas críticas em que ocorre instabilidade por bifurcação de equilíbrio (flambagem) e os modos de flambagem associados. Considerar pequenos deslocamentos e comportamento elástico linear da coluna e desprezar peso próprio.

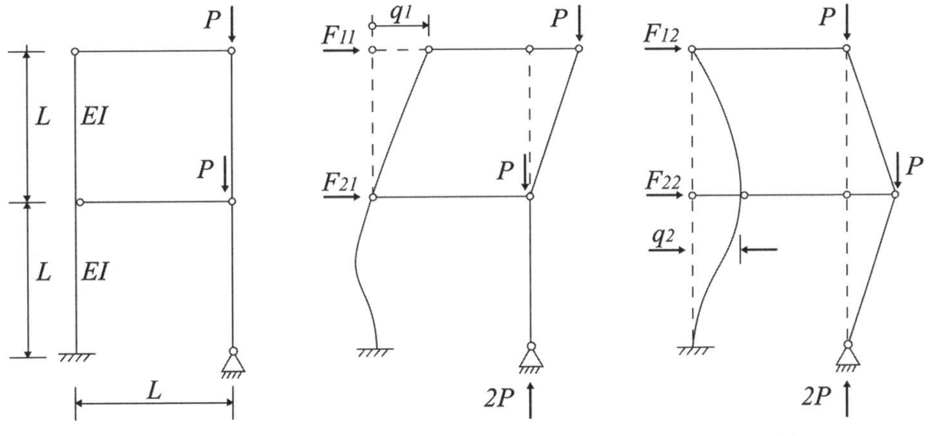

Figura 4.2 Estabilidade de pórtico de 2 andares: (a) configuração primária; (b) equilíbrio de forças para $q_1 \neq 0$ e $q_2 = 0$; (c) equilíbrio de forças para $q_1 = 0$ e $q_2 \neq 0$.

As duas coordenadas generalizadas escolhidas são os movimentos horizontais dos pavimentos q_1 e q_2.

Para gerar as equações de equilíbrio desse pórtico na configuração secundária deformada, é necessário determinar as forças que a manteriam nessa configuração, ou seja, a soma das forças elásticas, contrárias ao movimento (rigidez elástica), e das devidas à carga externa, a favor do movimento (rigidez geométrica).

Assim, primeiro considera-se $q_1 \neq 0$ e $q_2 = 0$, como indicado na Figura 4.2b, obtendo-se, na direção de q_1,

$$F_{11} = \left(-\frac{12EI}{7L^3} + \frac{P}{L} \right) q_1 \tag{4.5}$$

e, na direção de q_2,

$$F_{21} = \left(\frac{30EI}{7L^3} - \frac{P}{L} \right) q_1 \tag{4.6}$$

A seguir, considera-se $q_1 = 0$ e $q_2 \neq 0$, como indicado na Figura 4.2c, obtendo-se, na direção de q_1,

$$F_{12} = \left(\frac{30EI}{7L^3} - \frac{P}{L} \right) q_2 \tag{4.7}$$

e, na direção de q_2,

$$F_{22} = \left(-\frac{96EI}{7L^3} + \frac{3P}{L} \right) q_2 \tag{4.8}$$

Os coeficientes de rigidez elástica são obtidos pelos métodos da Teoria das Estruturas, aqui não recordados. Como não existem forças horizontais externas aplicadas, tem-se

$$\begin{aligned} F_1 &= F_{11} + F_{12} = 0 \\ F_2 &= F_{22} + F_{21} = 0 \end{aligned} \tag{4.9}$$

O sistema de equações de equilíbrio resultante é

$$\left(\left[K^0 \right] + \left[K^G \right] \right) \{q\} = \{0\} \tag{4.10}$$

ou

$$\left(\frac{EI}{7L^3}\begin{bmatrix}12 & -30\\-30 & 96\end{bmatrix}-\frac{P}{L}\begin{bmatrix}1 & -1\\-1 & 3\end{bmatrix}\right)\begin{Bmatrix}q_1\\q_2\end{Bmatrix}=\begin{Bmatrix}0\\0\end{Bmatrix} \tag{4.11}$$

Esse é um sistema de equações algébricas lineares homogêneo, que, para ter soluções não triviais, como se quer, deve ter

$$det\left(\frac{EI}{7L^3}\begin{bmatrix}12 & -30\\-30 & 96\end{bmatrix}-\frac{P}{L}\begin{bmatrix}1 & -1\\-1 & 3\end{bmatrix}\right)=0 \tag{4.12}$$

uma equação polinomial de grau 2:

$$P^2-5{,}1429EI/L^2+2{,}5714\left(EI/L^2\right)^2=0 \tag{4.13}$$

cujas duas raízes são os dois valores de cargas críticas:

$$P_1=0{,}5613EI/L^2 \qquad P_2=4{,}5816EI/L^2 \tag{4.14}$$

Cada uma dessas cargas substituídas no sistema homogêneo fornece os dois autovetores a elas associados, que são os chamados modos de flambagem, as formas que a estrutura assume para esses dois valores de cargas críticas:

$$\begin{Bmatrix}q_{11}\\q_{21}\end{Bmatrix}=\begin{Bmatrix}1\\0{,}3096\end{Bmatrix} \qquad \begin{Bmatrix}q_{12}\\q_{22}\end{Bmatrix}=\begin{Bmatrix}1\\9{,}6904\end{Bmatrix} \tag{4.15}$$

4.3 EXEMPLO 3

Para a estrutura da Figura 4.3a, composta de duas barras rígidas sem massa, de comprimento L, unidas por molas rotacionais, determinar as duas cargas críticas em que ocorre instabilidade por bifurcação de equilíbrio (flambagem) e os modos de flambagem associados, admitindo-se pequenos deslocamentos.

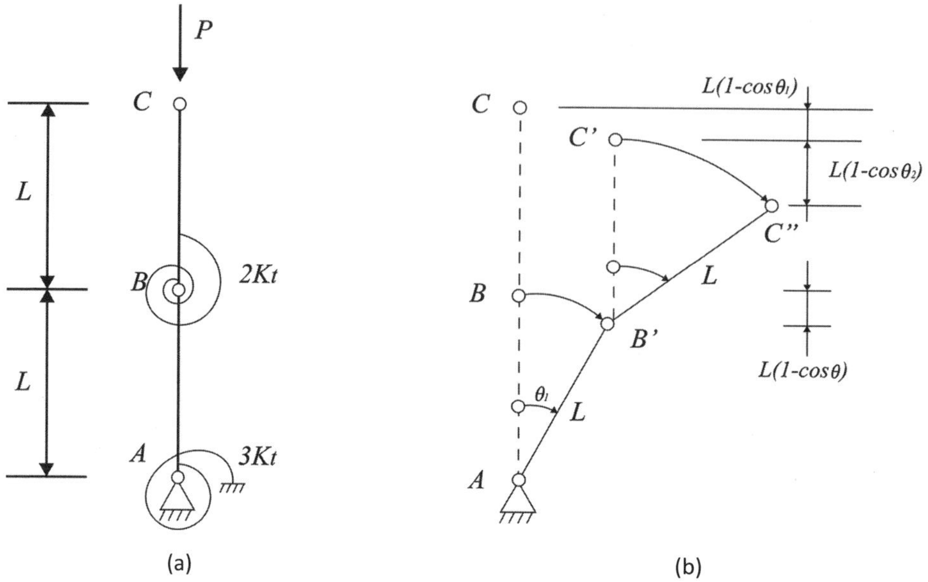

Figura 4.3 Modelo de barras rígidas e molas de uma coluna comprimida: (a) configuração primária; (b) configuração secundária.

Admite-se a existência da configuração alternativa mostrada na Figura 4.3b. As coordenadas generalizadas adotadas são os ângulos θ_1 de rotação da barra rígida AB e θ_2 de rotação da barra rígida BC, ambos com relação à vertical.

A energia de deformação é dada por

$$U = \frac{1}{2}K_t\left[3\theta_1^2 + 2\left(\theta_2 - \theta_1\right)^2\right] \tag{4.16}$$

A carga P se desloca na vertical $L\left(2 - \cos\theta_1 - \cos\theta_2\right)$, executando o trabalho

$$W = PL\left(2 - \cos\theta_1 - \cos\theta_2\right) \tag{4.17}$$

compondo a energia potencial total $V = U - W$. Admitindo-se pequenos ângulos, vale a aproximação $\cos\theta \approx 1 - \theta^2/2$, de forma que

$$V = \frac{1}{2}K_t\left[3\theta_1^2 + 2\left(\theta_2 - \theta_1\right)^2\right] - PL\left(\frac{\theta_1^2}{2} + \frac{\theta_2^2}{2}\right) \tag{4.18}$$

O equilíbrio equivale à EPT estacionária:

$$\frac{\partial V}{\partial \theta_1} = 0 = K_t\left(5\theta_1 - 2\theta_2\right) - PL\theta_1$$

$$\frac{\partial V}{\partial \theta_2} = 0 = K_t\left(2\theta_2 - 2\theta_1\right) - PL\theta_2 \tag{4.19}$$

que, posta na forma matricial, é

$$\left(K_t\begin{bmatrix} 5 & -2 \\ -2 & 2 \end{bmatrix} - PL\begin{bmatrix} 1 & 0 \\ 0 & 1 \end{bmatrix}\right)\begin{Bmatrix} \theta_1 \\ \theta_2 \end{Bmatrix} = \begin{Bmatrix} 0 \\ 0 \end{Bmatrix} \tag{4.20}$$

Esse é um sistema de equações algébricas lineares homogêneo, que, para ter soluções não triviais, como se quer, deve ter

$$\det\left(K_t\begin{bmatrix} 5 & -2 \\ -2 & 2 \end{bmatrix} - PL\begin{bmatrix} 1 & 0 \\ 0 & 1 \end{bmatrix}\right) = 0 \tag{4.21}$$

uma equação polinomial de grau 2:

$$P^2 - 7\frac{K_t}{L} + 6\left(\frac{K_t}{L}\right)^2 = 0 \tag{4.22}$$

cujas duas raízes são os dois valores de cargas críticas:

$$P_1 = \frac{K_t}{L} \qquad P_2 = \frac{6K_t}{L} \tag{4.23}$$

Cada uma dessas cargas substituídas no sistema homogêneo fornece dois autovetores a elas associados, que são os chamados modos de flambagem, as formas que a estrutura assume para esses dois valores de cargas críticas:

$$\begin{Bmatrix} \theta_{11} \\ \theta_{21} \end{Bmatrix} = \begin{Bmatrix} 1 \\ 2 \end{Bmatrix} \qquad \begin{Bmatrix} \theta_{12} \\ \theta_{22} \end{Bmatrix} = \begin{Bmatrix} 1 \\ -1/2 \end{Bmatrix} \tag{4.24}$$

4.4 EXEMPLO 4

Estudar a estabilidade do equilíbrio da estrutura da Figura 4.4a, composta de barras rígidas, sem massa, de comprimento L. Utilizar como coordenada generalizada a inclinação θ da barra BC com relação à vertical.

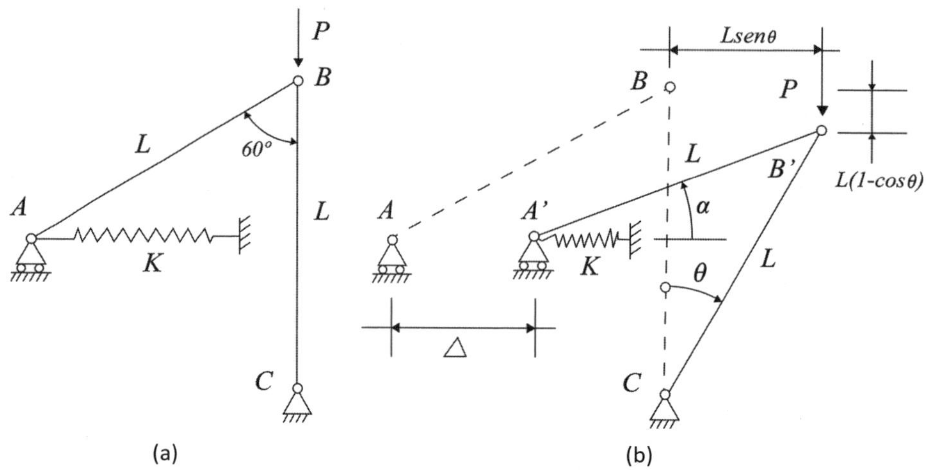

Figura 4.4 Estrutura de exemplo de barras rígidas e mola: (a) configuração primária; (b) configuração secundária.

Supondo-se a existência da configuração secundária indicada na Figura 4.4b, a energia potencial total é composta pela energia de deformação da mola de rigidez K menos o trabalho da força P:

$$V = \frac{1}{2}K\Delta^2 - PL(1-\cos\theta) \tag{4.25}$$

em que:

$$\Delta = L(\sin 60^o + \sin\theta - \cos\alpha) = L\left(\frac{\sqrt{3}}{2} + \sin\theta - \cos\alpha\right) \tag{4.26}$$

em que, da Figura 4.4b,

$$\sin\alpha = \cos 60^o + \cos\theta - 1 = \cos\theta - \frac{1}{2} \tag{4.27}$$

e

$$\cos\alpha = \sqrt{1-\sin\alpha^2} = \sqrt{3/4-(\cos\theta)^2+\cos\theta} \tag{4.28}$$

levando a

$$\Delta = L\left(\frac{\sqrt{3}}{2}+\sin\theta-\sqrt{3/4-(\cos\theta)^2+\cos\theta}\right) \tag{4.29}$$

Dada a complexidade das expressões obtidas, pode ser tentada uma aproximação das funções trigonométricas para pequenos ângulos: $\sin\theta \approx \theta \quad \cos\theta \approx 1-\theta^2/2$

$$\Delta = L\left(\frac{\sqrt{3}}{2}+\theta-\sqrt{3/4+\frac{\theta^2}{2}}\right) \tag{4.30}$$

que ainda é bastante complexa. Se for feito $\cos\theta = 1$, chega-se a

$$\Delta = L\theta \tag{4.31}$$

O equilíbrio é dado pela estacionariedade da EPT.

$$\frac{dV}{d\theta} = 0 = 2KL^2\theta - PL\theta \tag{4.32}$$

tal que a carga crítica seria $P_{crit} = 2KL$.

4.5 EXERCÍCIOS PROPOSTOS

1. No pórtico da Figura 4.5, dependendo do ângulo α, podem ocorrer duas situações de instabilidade: a) instabilidade global da estrutura com a barra flexível CD se comportando como se fosse rígida; b) flambagem elástica dessa barra flexível CD, antes de ocorrer a instabilidade global, com carga crítica igual a $P_{crit} = \dfrac{\pi^2 EI}{L^2}$, conforme será deduzido no Capítulo 5, a seguir.

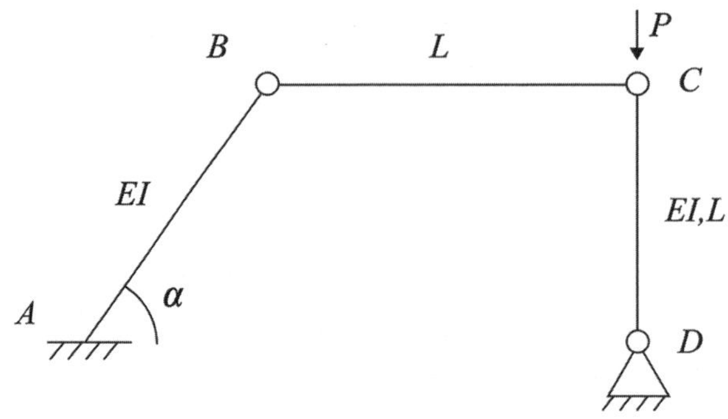

Figura 4.5 Exemplo proposto de pórtico triarticulado.

2. Determinar as cargas e os modos de flambagem da coluna ABC da Figura 4.6, composta de duas barras rígidas sem massa de comprimento L originalmente verticais.

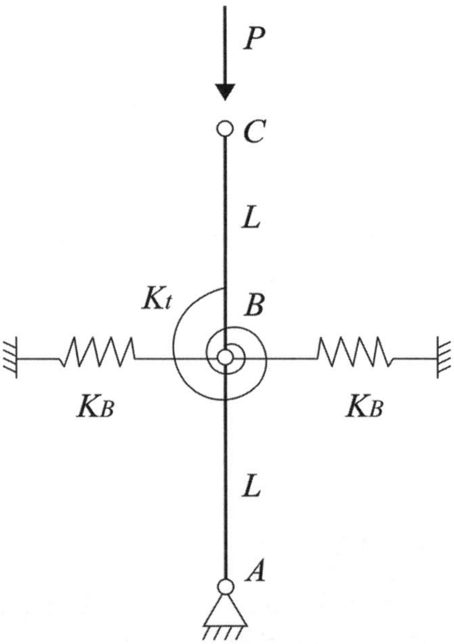

Figura 4.6 Exemplo proposto de barras rígidas e molas.

3. Estudar a estabilidade dos pórticos da Figura 4.7. Eles são constituídos por barras rígidas sem massa, articuladas entre si.

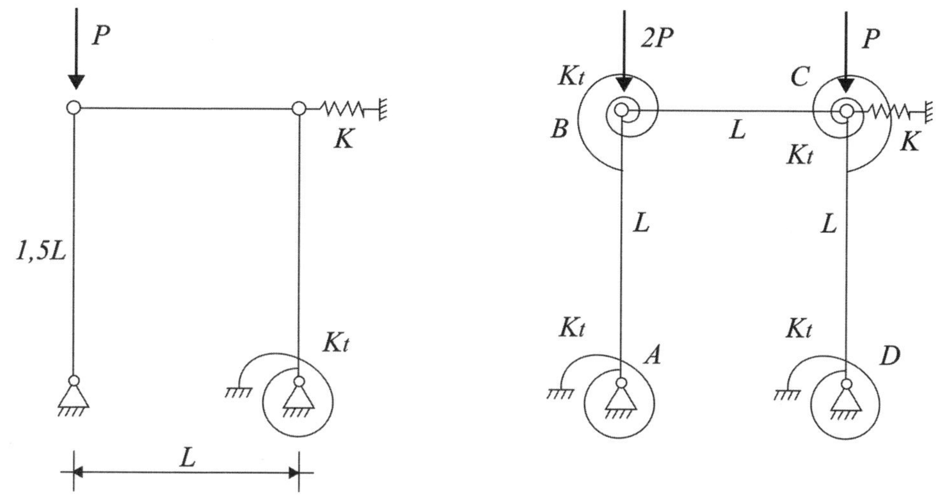

Figura 4.7 Exemplos propostos de pórticos compostos de barras rígidas e molas.

CAPÍTULO 5
Teoria clássica de flambagem de estruturas

Neste capítulo, apresentam-se elementos da teoria clássica de determinação de cargas de flambagem em colunas e estruturas aporticadas, de material elástico linear, via solução analítica da Equação Diferencial da Linha Elástica, devida a Euler,

$$\frac{d^2v}{dx^2} = \frac{M(x)}{EI} \tag{5.1}$$

em que v é o deslocamento do eixo de uma barra originalmente reta na direção transversal a seu eixo longitudinal x, $M(x)$ a equação do momento fletor ao longo desse eixo, E o módulo de elasticidade do material e I o momento de inércia de sua seção transversal.

A ideia nos desenvolvimentos a seguir é supor a existência de uma configuração curva alternativa à básica reta da peça e determinar a carga axial necessária para que isso ocorra. Como visto nos teoremas do Capítulo 3, se existir essa configuração alternativa, a original, reta, se tornou instável.

5.1 FLAMBAGEM DE EULER DE COLUNAS

O primeiro exemplo é a barra reta biarticulada de comprimento L da Figura 4.1, sem carregamento transversal e de peso próprio desprezável, comprimida axialmente pela carga P.

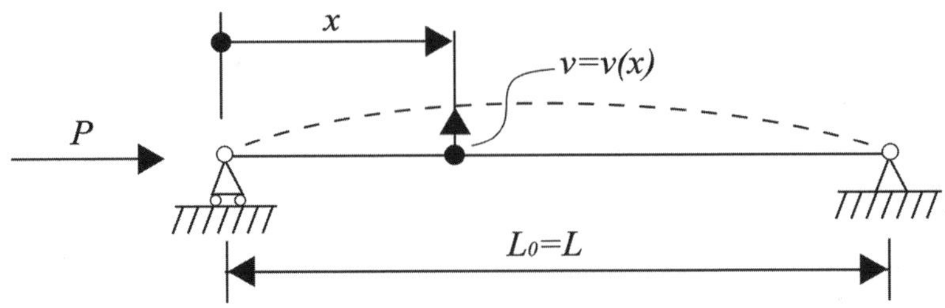

Figura 5.1 Viga comprimida simplesmente apoiada.

Se existir a configuração alternativa, dada pelos deslocamentos $v = v(x)$ indicados, o momento fletor é:

$$M(x) = -Pv \tag{5.2}$$

e a Equação Diferencial da Linha Elástica, homogênea neste caso, é:

$$v'' + \beta^2 v = 0 \tag{5.3}$$

em que $\beta^2 = P/EI$, e os dois traços à direita representam a derivada segunda em x. A conhecida solução homogênea dessa EDO é:

$$v_h = A\cos\beta x + B\sin\beta x \tag{5.4}$$

Inserindo as condições de contorno $v(0) = v(L) = 0$, chega-se a $A = 0$ e, para que $B \neq 0$, $\sin\beta L = 0$, implicando que $\beta L = n\pi$, $n = 1 \cdots \infty$.

Em consequência, a condição de existência da configuração curva alternativa à reta é que a carga axial assuma um dos valores críticos dados por:

$$P_n = n^2 \frac{\pi^2 EI}{L^2}, \quad n = 1 \cdots \infty \tag{5.5}$$

Na prática, apenas a mais baixa dessas cargas, para $n = 1$, tem sentido, uma vez que a coluna já flambará para ela muito antes de os outros valores poderem ser atingidos.

O segundo exemplo é o da Figura 5.2, uma barra reta de comprimento L, engastada em A e articulada em B, sem carregamento transversal e de peso desprezável, comprimida axialmente pela carga P.

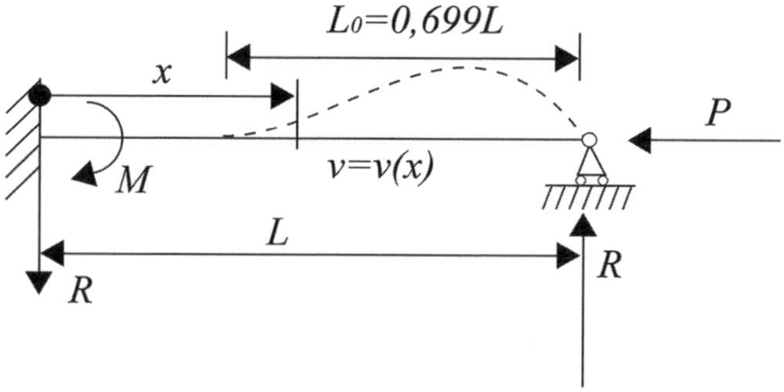

Figura 5.2 Viga comprimida engastada apoiada.

Se existir a configuração alternativa, dada pelos deslocamentos $v = v(x)$ indicados, o momento fletor, levando em conta o momento de engastamento M e a reação cortante $R = M/L$, é:

$$M(x) = -Pv + M - Rx = -Pv - R(x - L) \tag{5.6}$$

e a Equação Diferencial da Linha Elástica é:

$$v'' + \beta^2 v = -\frac{R}{EI}(x - L) = -\beta^2 \frac{R}{P}(x - L) \tag{5.7}$$

em que $\beta^2 = P/EI$. A solução homogênea é a Equação (5.4) e a solução particular é:

$$v_p = -\frac{R}{P}(x - L) \tag{5.8}$$

que, somadas, resultam na solução geral e em suas derivadas:

$$\begin{aligned} v &= A\cos\beta x + B\sin\beta x - \frac{R}{P}(x - L) \\ v' &= \beta(-A\sin\beta x + B\cos\beta x) - \frac{R}{P} \\ v'' &= -\beta^2(A\cos\beta x + B\sin\beta x) \end{aligned} \tag{5.9}$$

Inserindo as condições de contorno $v(0) = v'(0) = 0$, chega-se a $A = -\frac{R}{P}L$ e $B = \frac{R}{\beta P}$. A terceira condição de contorno, $v(L) = 0$, leva a

$$v(L) = 0 = A\cos\beta L + B\sin\beta L = -\frac{R}{P}L\cos\beta L + \frac{R}{\beta P}\sin\beta L \tag{5.10}$$

ou

$$\tan\beta L = \beta L \tag{5.11}$$

uma equação transcendental. A primeira solução obtida numericamente é $\beta L = 4{,}493$, resultando que a primeira carga crítica de flambagem é, aproximadamente,

$$P \approx \frac{\pi^2 EI}{(0{,}699\,L)^2} \tag{5.12}$$

Observando-se as Equações (5.5) e (5.12), nota-se que só diferem em seus denominadores. Com isso, pode-se escrever genericamente a carga crítica como:

$$P_{crit} = \frac{\pi^2 EI}{L_0^2} \tag{5.13}$$

em que L_0 é o chamado comprimento de flambagem, que depende das condições de contorno da barra, como segue:

- para barra biarticulada, $L_0 = L$;
- para barra engastada articulada, $L_0 \approx 0{,}699\,L$;
- para barra biengastada, $L_0 = 0{,}5\,L$;
- para barra em balanço, $L_0 = 2\,L$.

5.2 VALIDADE DA FLAMBAGEM DE EULER DE COLUNAS

Como a Equação Diferencial da Linha Elástica, Equação (5.1), é válida para comportamento elástico linear do material, pela Lei de Hooke, deve-se verificar se as cargas críticas obtidas na Seção 5.1 podem existir.

Define-se índice de esbeltez como:

$$\lambda = \frac{L_0}{r} \tag{5.14}$$

em que o raio de giração $r = \sqrt{I/A}$ é a raiz quadrada da relação entre o momento de inércia I e área A da seção transversal da barra.

Também se define a tensão crítica como a razão entre a carga crítica P_{crit} e a área A da seção transversal:

$$\sigma_{crit} = \frac{P_{crit}}{A} = \frac{\pi^2 E}{\lambda^2} \tag{5.15}$$

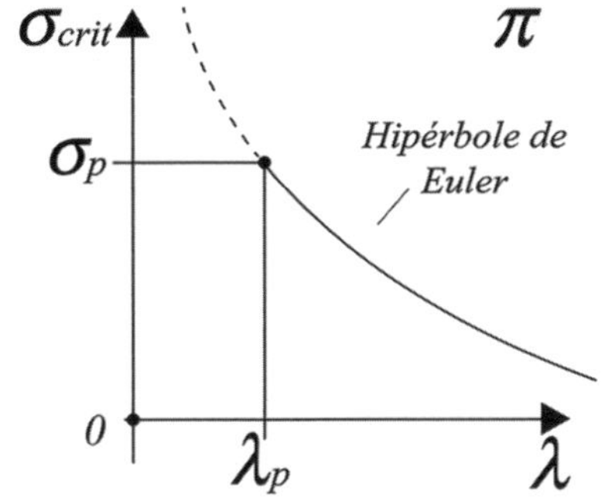

Figura 5.3 Tensão em função da esbeltez.

Como a tensão crítica de flambagem não pode ser maior que a tensão além da qual o material deixa de ter comportamento elástico linear, dita tensão de proporcionalidade σ_p, esse ramo da hipérbole é representado por tracejado, já que não pode se realizar. Como exemplo, no caso do aço mecânico, $E = 210$ GPa, $\sigma_p \approx 210$ MPa, de forma que o índice de esbeltez para flambagem elástica de peças de aço é limitado inferiormente por $\lambda_p \approx 100$.

5.3 FLAMBAGEM DE EULER DE PÓRTICOS

O primeiro exemplo é o pórtico da Figura 5.4, composto de duas colunas verticais comprimidas axialmente por forças P, articuladas na base, de altura h, momento de inércia da seção I_c, engastadas nos topos a uma viga horizontal de vão L, momento de inércia da seção I_v.

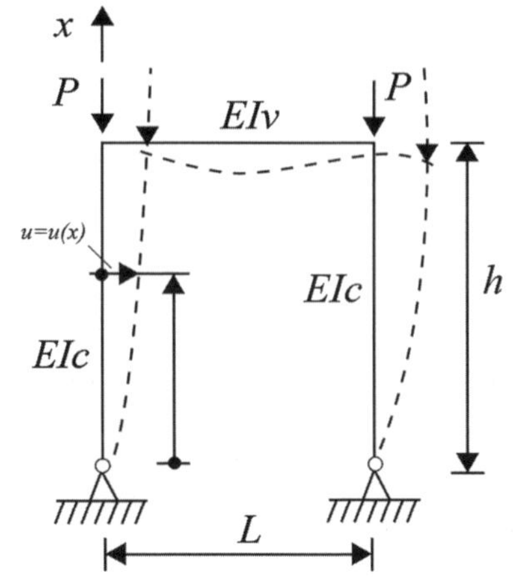

Figura 5.4 Flambagem de pórtico simplesmente apoiado.

Supondo a existência de uma configuração deslocada lateralmente alternativa à inicial, em que as colunas estão na vertical, o momento fletor para uma das colunas é:

$$M(x) = -Pu \tag{5.16}$$

e a Equação Diferencial da Linha Elástica, homogênea neste caso, é:

$$u'' + \beta^2 u = 0 \tag{5.17}$$

em que $\beta^2 = P/EI$, e os dois traços à direita representam derivada segunda em x. A conhecida solução homogênea dessa EDO, considerando a condição de contorno de deslocamento nulo na base, e sua primeira derivada são:

$$u = A \sin \beta x \tag{5.18}$$

$$u' = \beta \cos \beta x \tag{5.19}$$

Na extremidade superior da coluna, em virtude da continuidade com a viga, a rotação da tangente à linha elástica, dada pela derivada primeira, é igual tanto para a coluna como para a viga. As extremidades da viga estão sob efeito de momentos fletores iguais $M = P\,u(h)$.

Da Teoria das Estruturas, a rotação θ nas extremidades de uma viga solicitada apenas por dois momentos iguais aplicados às suas extremidades é:

$$\theta = u'(h) = \frac{ML}{6EI_\upsilon} = \frac{P\,u(h)L}{6EI_\upsilon} \tag{5.20}$$

Introduzindo as Equações (5.18) e (5.19) na Equação (5.20), obtém-se:

$$\beta \cos \beta h = \frac{PL}{6EI_{\upsilon}} \sin \beta h \tag{5.21}$$

ou

$$\beta h \tan \beta h = \frac{6I_{\upsilon}h}{I_c L} \tag{5.22}$$

e o valor da carga crítica será obtido numericamente da Equação Transcendental (5.22).

Dois casos particulares de interesse são:

- a viga considerada infinitamente rígida, em que $P_{crit} = \frac{\pi^2 EI_c}{4h^2}$;
- as colunas e a viga tendo o mesmo comprimento, $L = h$, e o mesmo momento de inércia, $I_{\upsilon} = I_c$, em que $P_{crit} = \frac{1,82E\,I_c}{h^2}$.

O segundo exemplo é o pórtico da Figura 5.5, composto de duas colunas verticais comprimidas axialmente por forças P, engastadas na base, de altura h, momento de inércia da seção I_c, engastadas nos topos a uma viga horizontal de vão L, momento de inércia da seção I_v.

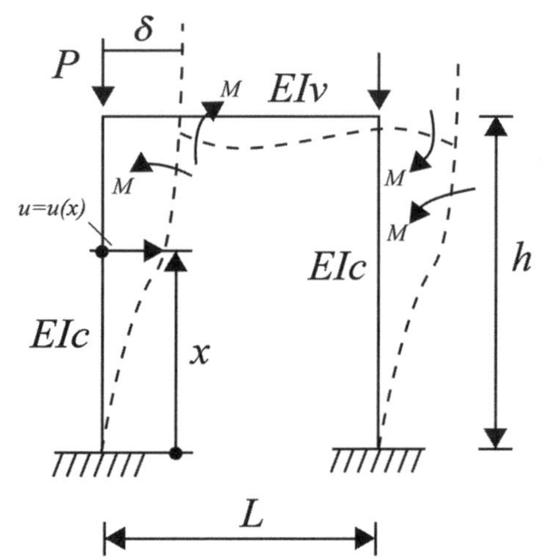

Figura 5.5 Flambagem de pórtico biengastado.

Supondo a existência de uma configuração deslocada lateralmente de δ no topo das colunas, alternativa à inicial, na qual as colunas estão na vertical, o momento fletor para uma das colunas, considerando o momento de engastamento na base M, é:

$$M(x) = P(\delta - u) - M \tag{5.23}$$

e a Equação Diferencial da Linha Elástica é:

$$u'' + \beta^2 u = (P\delta - M)/EI \tag{5.24}$$

em que $\beta^2 = P/EI$, e os dois traços à direita representam derivada segunda em x. A solução dessa EDO e sua derivada primeira são:

$$u = A\cos\beta x + B\sin\beta x - \frac{M}{P} + \delta \tag{5.25}$$

$$u' = -\beta A\sin\beta x + \beta B\cos\beta x \tag{5.26}$$

Dadas as condições de contorno no engaste da base da coluna $u(0) = u'(0) = 0$, as Equações (5.25) e (5.26) se tornam:

$$u = \left(\delta - \frac{M}{P}\right)(1 - \cos\beta x) \tag{5.27}$$

$$u' = \beta\left(\delta - \frac{M}{P}\right)\sin\beta x \tag{5.28}$$

Da Teoria das Estruturas, a rotação θ nas extremidades de uma viga solicitada apenas por dois momentos iguais aplicados às suas extremidades é:

$$\theta = u'(h) = \frac{ML}{6EI_v} = \frac{P\ \delta L}{6EI_v} \tag{5.29}$$

Resumindo, no topo da coluna, $v = \delta$ e $v' = \theta$, de onde se pode escrever o sistema homogêneo de equações:

$$\begin{bmatrix} \cos\beta h & 1-\cos\beta h \\ \beta \sin\beta h & -\sin\beta h - PL/6EI_v \end{bmatrix} \begin{Bmatrix} \delta \\ M/P \end{Bmatrix} = \begin{Bmatrix} 0 \\ 0 \end{Bmatrix} \quad (5.30)$$

cujo determinante deve se anular para a existência de soluções não triviais, isto é, $\delta \neq 0$ e $M \neq 0$, resultando uma equação transcendental para obtenção da carga crítica:

$$\frac{\beta h}{\tan\beta h} = -\frac{6hI_v}{LI_c} \quad (5.31)$$

Dois casos particulares de interesse são:

- a viga considerada infinitamente rígida, em que $P_{crit} = \dfrac{\pi^2 EI_c}{h^2}$;
- a viga considerada infinitamente flexível, como se as colunas se articulassem nela, em que $P_{crit} = \dfrac{\pi^2 EI_c}{4h^2}$.

5.4 EXEMPLO ADICIONAL

Na estrutura da Figura 5.6, qual o valor da constante de mola K_m para que a carga crítica do primeiro modo seja igual à do segundo modo?

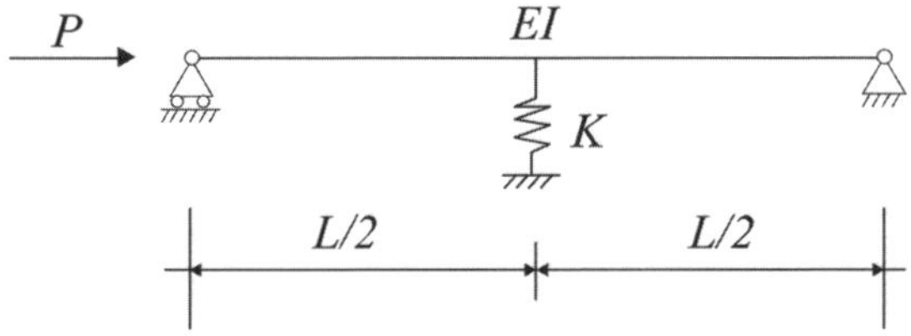

Figura 5.6 Flambagem de viga simplesmente apoiada com mola acoplada à seção do meio do vão.

Da Equação (5.5), sabe-se que as duas primeiras cargas de flambagem de uma viga biapoiada sem a mola são

$$P_1 = \frac{\pi^2 EI}{L^2} \qquad P_2 = \frac{4\pi^2 EI}{L^2}$$

Essa primeira carga crítica poderia ser deduzida, alternativamente, determinando as rigidezes elástica e geométrica da viga usando, por exemplo, o Método de Rayleigh, adotando-se a função de forma $\varphi(x) = \sin\dfrac{\pi x}{L}$.

$$K^0 = EI\int_0^L (\varphi'')^2\,dx = \frac{\pi^4 EI}{2L^3}$$

$$K^G = P\int_0^L (\varphi')^2\,dx = P\frac{\pi^2}{2L}$$

que, igualadas, resultam no mesmo valor já encontrado para P_1.

Considerando-se, agora, a presença da mola, a rigidez elástica passa a ser

$$K^0 = \frac{\pi^4 EI}{2L^3} + K_m$$

e a primeira carga crítica passa a ser

$$P_1 = \frac{2L}{\pi^2}\left(\frac{\pi^4 EI}{2L^3} + K_m\right)$$

que se deseja que seja igual à segunda carga crítica

$$\frac{2L}{\pi^2}\left(\frac{\pi^4 EI}{2L^3} + K_m\right) = \frac{4\pi^2 EI}{L^2}$$

resultando

$$K_m = \frac{3\pi^4 EI}{2L^3}.$$

CAPÍTULO 6

Análise matricial de estruturas 1

Neste capítulo e no próximo, estudaremos a estabilidade de estruturas de barras, como treliças, vigas e pórticos planos, no formalismo da análise matricial de estruturas (AME) reticuladas via Método dos Deslocamentos. Nele, a estrutura é dividida naturalmente em suas barras componentes. Os deslocamentos internos nesses elementos são escritos em função dos deslocamentos dos nós situados em suas duas extremidades, de forma matematicamente exata e fechada, seja por equilíbrio ou por solução analítica exata das equações diferenciais envolvidas.

Deve-se notar que não se faz aqui uma aproximação desses deslocamentos internos por funções de interpolação, como será feito mais adiante neste livro, quando for apresentado o Método dos Elementos Finitos (MEF). O MEF, mesmo se valendo do mesmo formalismo da análise matricial, faz uma aproximação da solução exata das equações diferenciais no interior dos elementos. Esses elementos podem ter qualquer tamanho, não precisando ser necessariamente definidos pela discretização natural em barras.

Na AME tradicional, monta-se o sistema de equações de equilíbrio da estrutura não linear, no caso geral, na forma:

$$\left\{R\left(\{p\}\right)\right\}=[K]\{p\}=\{P\} \tag{6.1}$$

em que se definem a Matriz de Rigidez da Estrutura $[K]$, não constante no caso geral, e os vetores de deslocamento e esforço dos nós da estrutura, $\{p\}$ e $\{P\}$, respectivamente.

6.1 ESTABILIDADE DO EQUILÍBRIO NA AME

A Equação (6.1) pode ser interpretada como o equilíbrio entre as forças restauradoras da estrutura $\{R(\{p\})\}$, proveniente dos esforços internos solicitantes $\{S\}$, a função dos deslocamentos $\{p\}$ e o carregamento externo $\{P\}$, na forma:

$$\{R(\{p\})\} = [C]\{S\} = \{P\} \tag{6.2}$$

em que $[C]$ é um operador de equilíbrio apropriado em cada caso.

No estudo da estabilidade do equilíbrio, há pequenas perturbações no carregamento externo que causam pequenas variações nos esforços solicitantes:

$$[C]d\{S\} + d[C]\{S\} = d\{P\} \tag{6.3}$$

que, com algum trabalho matemático, pode ser colocada na forma:

$$([K_0] + [K_G])d\{p\} = d\{P\} \tag{6.4}$$

em que $[K_0]$ é a matriz de rigidez elástica, ou inicial, constante, e $[K_G]$ é a matriz de rigidez geométrica, função dos esforços solicitantes $\{N\}$, devida ao fato de o equilíbrio ser feito na nova posição deslocada da estrutura.

No caso da *bifurcação do equilíbrio*, em que uma configuração primária de equilíbrio deixou de ser estável e o sistema busca uma nova configuração alternativa, tem-se pequenas variações nos deslocamentos $d\{p\}$ SEM que ocorra variação nos esforços externos $d\{P\}$. Supondo agora que as solicitações internas sejam proporcionais a um certo parâmetro de carregamento λ e que $[K_G]$ tenha sido calculada para um certo nível de referência desse parâmetro, a Equação (6.4) se escreve:

$$([K_0] + \lambda[K_G])d\{p\} = \{0\} \tag{6.5}$$

um sistema de equações algébricas lineares homogêneo que só tem soluções não triviais se:

$$\det([K_0] + \lambda[K_G]) = 0 \tag{6.6}$$

uma equação polinomial de grau n (o número de graus de liberdade do sistema), cujas n raízes $\lambda_i (i = 1, \cdots n)$ correspondem aos valores críticos do parâmetro de carregamento em que a bifurcação ocorre, os autovalores do problema da Equação (6.5).

No caso de estruturas reticuladas, como treliças, vigas e pórticos, a solicitação interna de interesse são as forças normais (ou axiais) de compressão atuantes nas barras. O algoritmo consiste em se determinar essas forças normais para o carregamento inicial da estrutura, que será considerado como de referência. Os autovalores λ_i fornecerão os carregamentos críticos.

No caso de busca de *pontos-limite*, em que não há bifurcação de equilíbrio, é necessário fazer uma análise não linear pelo método de Newton-Raphson, partindo-se da Equação (6.4) colocada na forma:

$$\left\{g\left(\{p\}\right)\right\}=\left\{R\left(\{p\}\right)\right\}-\{P\} \tag{6.7}$$

Considerem-se conhecidos os deslocamentos $\{p_0\}$ para um certo nível de carregamento $\{P_0\}$ e que se desejam determinar os deslocamentos $\{p\}$ para um novo nível de carregamento $\{P\}$, definindo-se o vetor "distância" $\{h\} = \{p\} - \{p_0\}$. Isso pode ser feito por uma expansão da Equação (6.7) em Série de Taylor:

$$\left\{g\left(\{p\}\right)\right\}=\left\{g\left(\{p_0\}\right)\right\}+\left[J\left(\{p_0\}\right)\right]\{h\}+\cdots \tag{6.8}$$

em que $[J(\{p_0\})]$ é a Matriz Jacobiana de $\{g(\{p\})\}$ calculada em $\{p_0\}$, cuja expressão geral é:

$$\left[J\left(\{p\}\right)\right]=\begin{bmatrix} \dfrac{\partial g_1}{\partial p_1} & \dfrac{\partial g_1}{\partial p_2} & \cdots & \dfrac{\partial g_1}{\partial p_n} \\ \dfrac{\partial g_2}{\partial p_1} & \dfrac{\partial g_2}{\partial p_2} & \cdots & \dfrac{\partial g_2}{\partial p_n} \\ \vdots & & & \\ \dfrac{\partial g_n}{\partial p_1} & \dfrac{\partial g_n}{\partial p_2} & & \dfrac{\partial g_n}{\partial p_n} \end{bmatrix} \tag{6.9}$$

Na nomenclatura da engenharia de estruturas, essa matriz é conhecida como Matriz de Rigidez Tangente $[K_T]$. É constituída de duas parcelas, uma devida à aplicação da Equação (6.9) à parcela $\{R(\{p\})\}$ e a outra à parcela $\{P\}$ do membro direito da Equação (6.7). Essa segunda parcela, devida a uma possível variação do carregamento com os deslocamentos, é muitas vezes desprezada na prática da engenharia de estruturas.

É claro que o que se quer é que o valor da função $\{g(\{p\})\}$, Equação (6.7), seja nulo para que se tenha equilíbrio. Para tanto, no algoritmo de Newton-Raphson, ilustrado para um único grau de liberdade na Figura 6.1, cria-se um esquema iterativo em que, na primeira iteração, tem-se:

$$\{\Delta g_0\} = \{P\} - g(\{p_0\}) \quad (6.10)$$

$$\{h_0\} = [K_T(\{p_0\})]^{-1}\{\Delta g_0\} \quad (6.11)$$

$$\{p_1\} = \{h_0\} + \{p_0\} \quad (6.12)$$

e, numa iteração k, tem-se:

$$\{\Delta g_k\} = \{P\} - g(\{p_k\}) \quad (6.13)$$

$$\{h_k\} = [K_T(\{p_k\})]^{-1}\{\Delta g_k\} \quad (6.14)$$

$$\{p_{k+1}\} = \{h_k\} + \{p_k\} \quad (6.15)$$

até que a "distância" $\{h_k\}$ seja menor que um certo valor pequeno arbitrado. Deve-se notar a importância nesse esquema da determinação da Matriz de Rigidez Tangente.

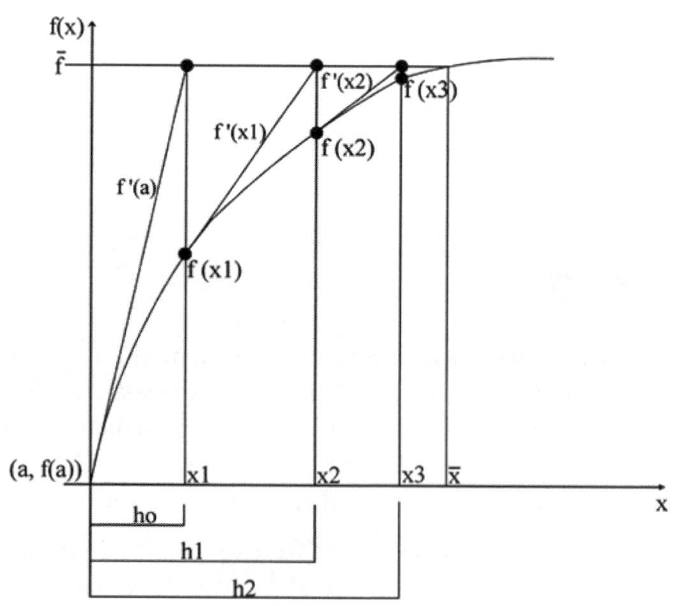

Figura 6.1 Algoritmo de Newton-Raphson para sistemas não lineares em uma dimensão.

6.2 TRELIÇAS

6.2.1 DESLOCAMENTOS NODAIS DE ELEMENTO DE TRELIÇA PLANA

Considera-se uma barra de treliça plana prismática com comprimento inicial L, área da seção transversal A e módulo de elasticidade E, inclinada de um ângulo α com relação ao eixo x horizontal.

Aqui, deslocamentos e mudanças em ângulo são considerados *pequenos*.

Para facilidade de notação neste texto, $c = \cos\alpha$ e $s = \sin\alpha$.

Vetor dos deslocamentos nodais de elemento de treliça plana:

$$\{q\} = \begin{Bmatrix} q_1 \\ q_2 \\ q_3 \\ q_4 \end{Bmatrix} \tag{6.16}$$

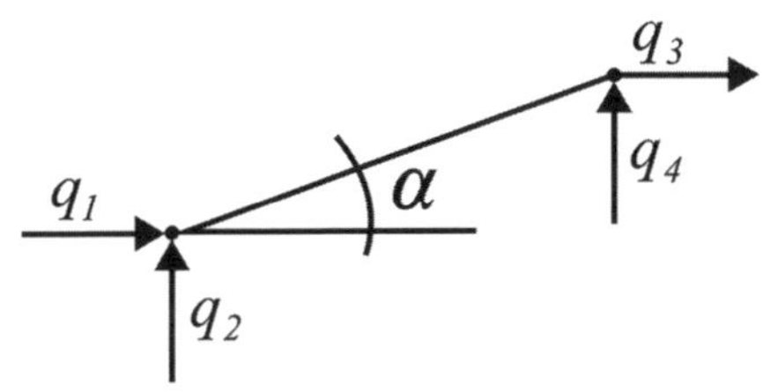

Figura 6.2 Deslocamentos nodais de elemento de treliça plana.

- **Diferença de deslocamentos no sentido axial da barra**

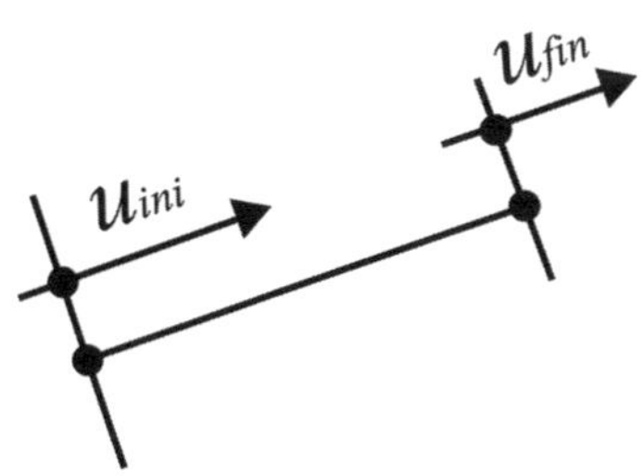

Figura 6.3 Deslocamentos no sentido axial da barra.

$$\Delta L = \Delta u = u_{fin} - u_{ini} \tag{6.17}$$

em que:

$$u_{fin} = c\,q_3 + s\,q_4 \quad \text{e} \quad u_{ini} = -c\,q_1 - s\,q_2 \tag{6.18}$$

resultando em:

$$\Delta L = \Delta u = \{c\}^t \{q\} \tag{6.19}$$

em que:

$$\{c\}^t = \begin{bmatrix} -c & -s & c & s \end{bmatrix} \tag{6.20}$$

- **Diferença de deslocamentos no sentido transversal à barra**

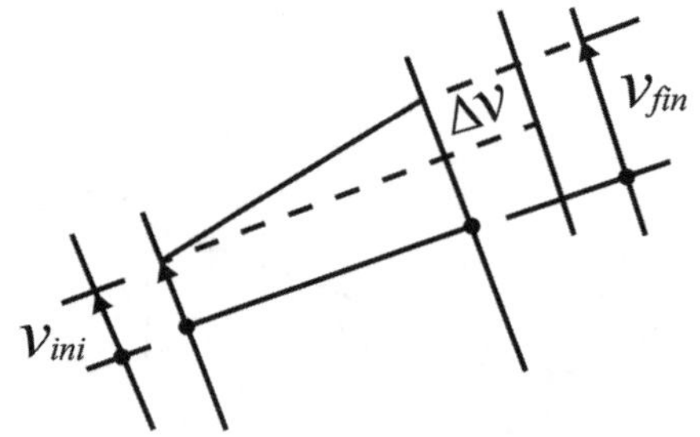

Figura 6.4 Deslocamentos no sentido transversal à barra.

$$\Delta v = v_{fin} - v_{ini} \tag{6.21}$$

em que:

$$v = -s\,q_3 + c\,q_4 \quad \text{e} \quad v_{ini} = -s\,q_1 - c\,q_2 \tag{6.22}$$

resultando em:

$$\Delta v = \{s\}^t \{q\} \tag{6.23}$$

em que:

$$\{s\}^t = \begin{bmatrix} s & -c & -s & c \end{bmatrix} \tag{6.24}$$

6.2.2 ESFORÇOS NODAIS DE ELEMENTO DE TRELIÇA PLANA

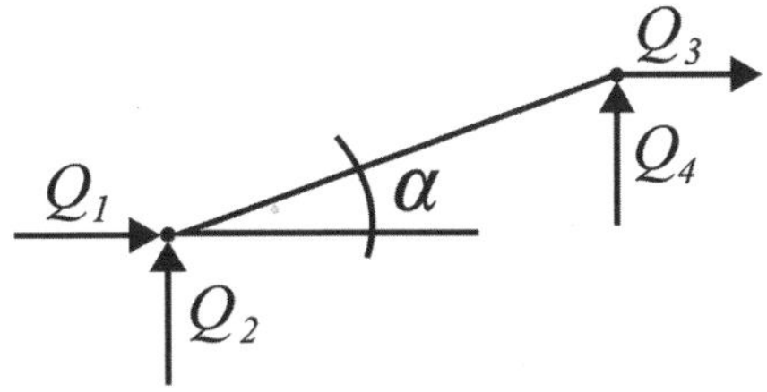

Figura 6.5 Esforços nodais de elemento de treliça plana.

Vetor de esforços nodais de elemento de treliça plana:

$$\{Q\} = \{Q_N\} + \{Q_T\} = \begin{Bmatrix} Q_1 \\ Q_2 \\ Q_3 \\ Q_4 \end{Bmatrix} \tag{6.25}$$

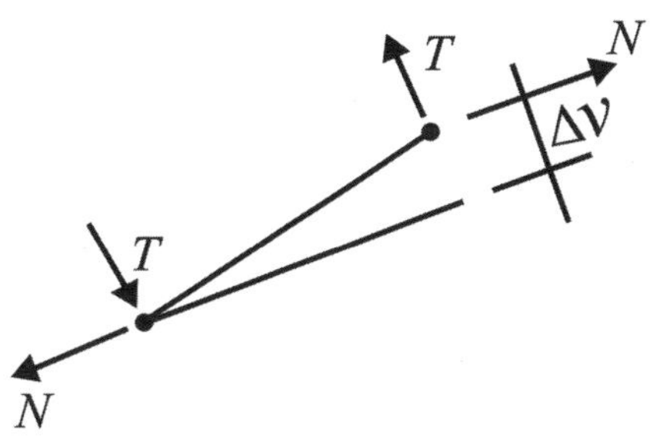

Figura 6.6 Forças axiais e transversais.

- **Parcela dos esforços nodais devida às forças axiais N**

$$\{Q_N\} = N\{c\} \tag{6.26}$$

- **Parcela dos esforços nodais devida às forças transversais T**

$$\{Q_T\} = T\{s\} \tag{6.27}$$

em que:

$$T = \frac{N}{L}\Delta v \tag{6.28}$$

6.2.3 EQUAÇÃO CONSTITUTIVA

Adotando material uniforme, isotrópico e elástico linear (Lei de Hooke):

$$N = \frac{EA}{L}\Delta L \tag{6.29}$$

6.2.4 MATRIZES DE RIGIDEZ ELÁSTICA E GEOMÉTRICA

$$\{Q\} = \{Q_N\} + \{Q_T\} = \left(\frac{EA}{L}\{c\}\{c\}^t + \frac{N}{L}\{s\}\{s\}^t\right)\{q\} \tag{6.30}$$

$$\{Q\} = \left(\left[k_E\right] + \left[k_G\right]\right)\{q\} \tag{6.31}$$

em que:

$$\left[k_E\right] = \frac{EA}{L}\{c\}\{c\}^t = \frac{EA}{L}\begin{bmatrix} cc & cs & -cc & -cs \\ & ss & -sc & -ss \\ & & cc & cs \\ & & & ss \end{bmatrix} \tag{6.32}$$

$$\left[k_G\right] = \frac{N}{L}\{s\}\{s\}^t = \frac{N}{L}\begin{bmatrix} ss & -sc & -ss & sc \\ & cc & cs & -cc \\ & & ss & -sc \\ & & & cc \end{bmatrix} \tag{6.33}$$

6.2.5 EXEMPLO

O exemplo de treliça plana é o da Figura 6.6, extraído do livro *Theory of Elastic Stability*, de Timoshenko e Gere (1961, p. 148).

Dados:

a) barras horizontais de comprimento $L = 6$ m; área da seção transversal $A = 0{,}01$ m^2;

b) barras inclinadas de comprimento $L_1 = 5$ m; área da seção transversal $A_1 = 1$ m^2.

Módulo de elasticidade $E = 3{,}0 \times 10^7$ kN/m^2 para todas as barras. O carregamento é constituído por três cargas concentradas de intensidade $P = 1$ kN.

Esse mesmo exemplo é analisado com o programa MATLAB no Anexo 1.

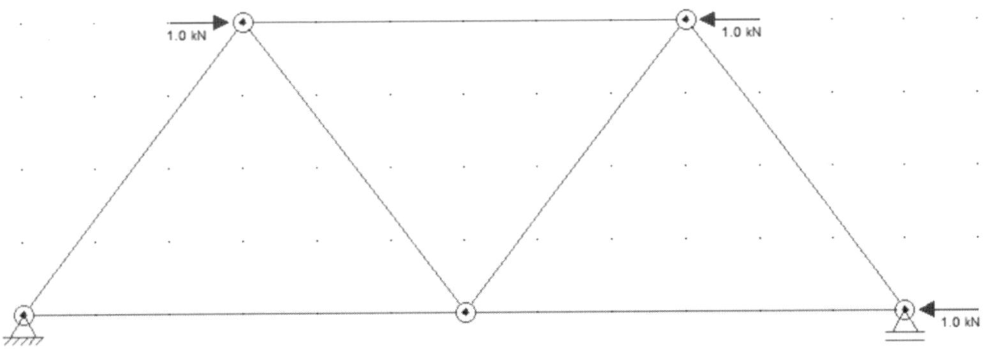

Figura 6.7 Exemplo de treliça plana.

O resultado analítico disponível na referência citada é

$$P_{crit} = \frac{AE}{(\cot\alpha)^2\left(3 + \dfrac{2L_1A}{LA_1(\cos\alpha)^2}\right)}$$

em que, neste exemplo, $\cos\alpha = 4/5$ e $\cot\alpha = 3/4$.

CAPÍTULO 7
Análise matricial de estruturas 2

7.1 INTRODUÇÃO

Na análise estática linear usual, a matriz de rigidez $[K_0]$ de uma estrutura (tipo pórtico plano) é obtida pela montagem das matrizes de rigidez de cada uma das barras que a compõem, e essas matrizes de rigidez não levam em consideração a interação entre o esforço normal e o momento fletor. Se o objetivo, entretanto, é efetuar uma análise da estabilidade do pórtico, se faz necessário levar em consideração que os elementos estruturais que suportam forças normais e momentos fletores estão sujeitos a uma interação entre dois efeitos: os deslocamentos transversais numa barra provocam o aparecimento de momentos fletores adicionais em razão da presença da força normal.

Este capítulo se ocupa, inicialmente, da formulação da matriz de rigidez $[k]$ de uma viga, depois estendida a pórticos planos, considerando os efeitos da interação entre a força normal e o momento fletor. São tratados, individualmente, o caso da barra comprimida e o da barra tracionada, ambos em regime de pequenos deslocamentos. Mostra-se que as expressões dos coeficientes da matriz $[k]$ são funções trigonométricas (caso da barra comprimida) ou hiperbólicas (caso da barra tracionada) de um argumento que depende do esforço normal atuante.

Com o desenvolvimento em Série de Taylor dessas funções trigonométricas e hiperbólicas, a matriz de rigidez $[k]$ é, então, expandida numa soma de matrizes. Mostra-se que as duas primeiras matrizes dessa expansão são precisamente a matriz de rigidez inicial (constitutiva) $[k_0]$ e a matriz de rigidez geométrica $[k_G]$. Uma terceira matriz é identificada nessa expansão e denotada $[k_{GG}]$, que não tem um nome consagrado na literatura.

Exemplos numéricos são efetuados com a matriz completa $[k]$, bem como com as matrizes $[k_0]$, $[k_G]$ e $[k_{GG}]$. Exemplos de solução do problema linear de estabilidade de pórticos planos são resolvidos por intermédio do correspondente problema de autovalores.

7.2 MATRIZ DE RIGIDEZ

Considere-se a viga prismática da Figura 7.1, de vão L e rigidez EI, com vetores de deslocamento $\{q\}$ e de esforço $\{Q\}$, ambos nas extremidades dela.

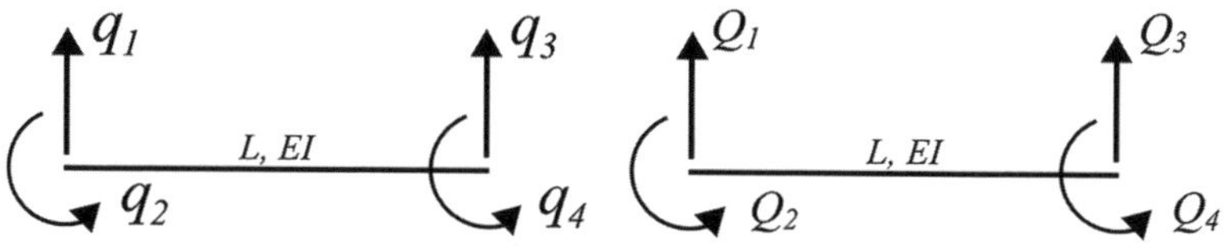

Figura 7.1 Deslocamentos e forças nodais de elemento de viga.

$$\{q\}=\begin{Bmatrix} q_1 \\ q_2 \\ q_3 \\ q_4 \end{Bmatrix} \qquad \{Q\}=\begin{Bmatrix} Q_1 \\ Q_2 \\ Q_3 \\ Q_4 \end{Bmatrix}$$

A matriz de rigidez $[k]$ da barra é a matriz que transforma o vetor de deslocamentos $\{q\}$ no vetor de $\{Q\}$, ou seja,

$$\{Q\}=[k]\{q\} \tag{7.1}$$

Quer-se determinar a matriz de rigidez dessa barra levando-se em consideração a interação do esforço normal com o momento fletor. Duas situações serão abordadas: inicialmente, será estudado o caso da barra submetida a uma força de compressão, e, posteriormente, o da barra submetida a uma força de tração.

7.3 VIGA COMPRIMIDA

Considere-se a barra da Figura 7.2 submetida a um carregamento transversal $p = p(x)$ e a uma força de compressão P. Considere-se, também, um elemento infinitesimal dela de comprimento dx na posição de ordenada x.

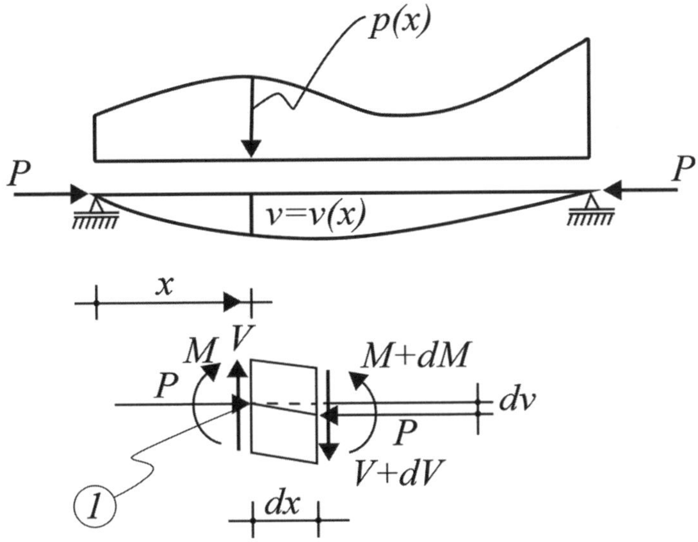

Figura 7.2 Equilíbrio de elemento infinitesimal de viga.

7.3.1 EQUAÇÕES DE EQUILÍBRIO

A primeira equação de equilíbrio do elemento infinitesimal é $\sum V = 0$. Essa equação fornece, então,

$$V - (V + dV) - p \cdot dx = 0 \tag{7.2}$$

ou, equivalentemente,

$$\frac{dV}{dx} = -p \tag{7.3}$$

A Equação (7.3), como se observa, é a mesma da situação em que não se leva em consideração a interação do esforço normal com o momento fletor.

A segunda equação de equilíbrio é, naturalmente, $\sum M_1 = 0$, que fornece:

$$M + p \cdot dx \frac{dx}{2} - (M + dM) + (V + dV)dx + Pdv = 0 \tag{7.4}$$

Se os infinitésimos de ordem superior forem desprezados, obtém-se:

$$-dM + Qdx + Pdv = 0 \tag{7.5}$$

resultando em:

$$V = \frac{dM}{dx} - P\frac{dv}{dx} \tag{7.6}$$

Constata-se, assim, que a Equação (7.6) é diferente daquela correspondente à situação em que não há consideração da interação do esforço normal com o momento fletor, em razão do surgimento da parcela $-P\dfrac{dv}{dx}$.

7.3.2 EQUAÇÃO DIFERENCIAL DA VIGA-COLUNA

Derivando-se a Equação (7.6) em relação à variável x, tem-se:

$$\frac{dQ}{dx} = \frac{d^2M}{dx^2} - P\frac{d^2v}{dx^2} \tag{7.7}$$

Entretanto, sabe-se que

$$M = -EI\frac{d^2v}{dx^2} \tag{7.8}$$

Portanto, a Equação (7.7) pode ser escrita, levando-se em consideração a igualdade (7.3),

$$\frac{d^2}{dx^2}\left(EI\frac{d^2v}{dx^2}\right) + P\frac{d^2v}{dx^2} = p \tag{7.9}$$

que é a equação diferencial da viga-coluna.

Admitindo-se que a rigidez à flexão *EI* seja constante, a equação diferencial (de 4ª ordem) da viga-coluna torna-se:

$$EI\frac{d^4v}{dx^4} + P\frac{d^2v}{dx^2} = p \tag{7.10}$$

ou, equivalentemente,

$$v'''' + \beta^2 v'' = \frac{p}{EI} \tag{7.11}$$

em que:

$$\beta = \sqrt{\frac{P}{EI}} \tag{7.12}$$

Na suposição de não haver carregamento transversal, ou seja, $p = 0$, a Equação Diferencial (7.11) torna-se:

$$v'''' + \beta^2 v'' = 0 \tag{7.13}$$

As raízes da equação característica associada à equação diferencial são $\pm i\beta$ e 0 (dupla). Por conseguinte, a solução geral da Equação Diferencial (7.13) é:

$$v(x) = A\sin(\beta x) + B\cos(\beta x) + Cx + D \tag{7.14}$$

em que *A, B, C e D* são coeficientes a determinar. A derivada $v'(x)$ é, naturalmente,

$$v'(x) = \beta\, A\cos(\beta x) - \beta\, B\sin(\beta x) + C \tag{7.15}$$

7.3.3 VETOR DE DESLOCAMENTOS

Com as funções $v = v(x)$ e $v' = v'(x)$ dadas, respectivamente, por (7.14) e (7.15), os coeficientes *A, B, C* e *D* são determinados pelas condições:

$$v(0) = q_1 \tag{7.16a}$$

$$v'(0) = q_2 \tag{7.16b}$$

$$v(l) = q_3 \tag{7.16c}$$

$$v'(l) = q_4 \tag{7.16d}$$

Aplicando as condições anteriores, utilizando (7.14) e (7.15), obtém-se o seguinte sistema linear de equações:

$$\begin{bmatrix} 0 & 1 & 0 & 1 \\ \beta & 0 & 1 & 0 \\ s & c & l & 1 \\ \beta c & -\beta s & 1 & 0 \end{bmatrix} \begin{Bmatrix} A \\ B \\ C \\ D \end{Bmatrix} = \begin{Bmatrix} q_1 \\ q_2 \\ q_3 \\ q_4 \end{Bmatrix} \tag{7.17}$$

no qual

$$s = \sin(\mu) \tag{7.18a}$$

$$c = \cos(\mu) \tag{7.18b}$$

e

$$\mu = \beta l \tag{7.19}$$

Invertendo-se a matriz do sistema (7.17), obtém-se a solução:

$$\begin{Bmatrix} A \\ B \\ C \\ D \end{Bmatrix} = \frac{1}{\beta\Delta} \begin{bmatrix} -\beta s & 1-c-\mu s & \beta s & -(1-c) \\ \beta(1-c) & s-\mu c & -\beta(1-c) & \mu - s \\ \beta^2 s & \beta(1-c) & -\beta^2 s & \beta(1-c) \\ \beta(1-c-\mu s) & -(s-\mu c) & \beta(1-c) & -(\mu - s) \end{bmatrix} \begin{Bmatrix} q_1 \\ q_2 \\ q_3 \\ q_4 \end{Bmatrix} \tag{7.20}$$

em que:

$$\Delta = 2 - 2c - \mu s \tag{7.21}$$

7.3.4 VETOR DE ESFORÇOS

A função $v = v(x)$ que descreve os deslocamentos transversais na viga-coluna é dada, como se viu, por (7.14), e sua derivada $v' = v'(x)$ é dada por (7.15). Derivando-se essa última igualdade novamente em relação à variável x, obtém-se:

$$v''(x) = -\beta^2 A \sin(\beta x) - \beta^2 B \cos(\beta x) \tag{7.22}$$

Dessa forma, o momento fletor numa seção transversal de abscissa x é, em conformidade com a igualdade (7.8),

$$M(x) = EI\,\beta^2[A\sin(\beta x) + B\cos(\beta x)] \tag{7.23}$$

Os esforços cortantes são determinados, naturalmente, utilizando-se (7.6). Derivando-se *M(x)* em (7.23) e utilizando *v'(x)* dado por (7.15), a igualdade (7.6) permite escrever:

$$V(x) = EI\,\beta^3\left[A\sin(\beta x) - B\cos(\beta x)\right] - P\left[\beta\,A\sin(\beta x) - \beta\,B\cos(\beta x) + C\right] \tag{7.24}$$

Como de (7.12) resulta $P = EI\,\beta^2$, o esforço cortante torna-se:

$$V(x) = -EI\,\beta^2 C \tag{7.25}$$

Constata-se então que a função *V(x)* não depende de x, isto é, o esforço cortante é constante, como deveria ser (na ausência de carregamento transversal), conforme estabelece a igualdade (7.3).

As componentes do vetor de esforços *p* nas extremidades da barra relacionam-se aos momentos fletores e aos esforços cortantes nessas extremidades por:

$$Q_1 = -V(0) \tag{7.26a}$$

$$Q_2 = M(0) \tag{7.26b}$$

$$Q_3 = V(l) \tag{7.26c}$$

$$Q_4 = -M(l) \tag{7.26d}$$

Utilizando-se as igualdades (7.23) e (7.25), as condições podem ser postas matricialmente como:[1]

$$\begin{Bmatrix} Q_1 \\ Q_2 \\ Q_3 \\ Q_4 \end{Bmatrix} = EI\,\beta^2 \begin{bmatrix} 0 & 0 & 1 & 0 \\ 0 & 1 & 0 & 0 \\ 0 & 0 & -1 & 0 \\ -s & -c & 0 & 0 \end{bmatrix} \begin{Bmatrix} A \\ B \\ C \\ D \end{Bmatrix} \tag{7.27}$$

1 É interessante observar que, em razão de *M(x)* e *Q(x)* não dependerem do coeficiente *D*, a 4ª coluna da matriz é nula.

7.3.5 MATRIZ DE RIGIDEZ DA VIGA-COLUNA

Utilizando-se o vetor de coeficientes dado por (7.20), a igualdade anterior torna-se:

$$\begin{Bmatrix} Q_1 \\ Q_2 \\ Q_3 \\ Q_4 \end{Bmatrix} = \frac{EI\,\beta}{\Delta} \begin{bmatrix} \beta^2 s & \beta(1-c) & -\beta^2 s & \beta(1-c) \\ \beta(1-c) & s-\mu c & -\beta(1-c) & \mu - s \\ -\beta^2 s & -\beta(1-c) & \beta^2 s & -\beta(1-c) \\ \beta(1-c) & \mu - s & -\beta(1-c) & s-\mu c \end{bmatrix} \begin{Bmatrix} q_1 \\ q_2 \\ q_3 \\ q_4 \end{Bmatrix} \tag{7.28}$$

que é precisamente a relação $p = kq$ procurada, definindo a matriz de rigidez k.

É importante lembrar que β e μ são quantidades que se relacionam entre si conforme estabelece (7.19). Dessa forma, tem-se:

$$\beta = \frac{\mu}{l} \tag{7.29}$$

e a matriz de rigidez pode ser escrita como:

$$[k] = \frac{EI}{l} \begin{bmatrix} \frac{k_4}{l^2} & \frac{k_3}{l} & -\frac{k_4}{l^2} & \frac{k_3}{l} \\ & k_1 & -\frac{k_3}{l} & k_2 \\ sim. & & \frac{k_4}{l^2} & -\frac{k_3}{l} \\ & & & k_1 \end{bmatrix} \tag{7.30}$$

em que:

$$k_1 = \frac{\mu(s-\mu c)}{\Delta} \tag{7.31a}$$

$$k_2 = \frac{\mu(\mu - s)}{\Delta} \tag{7.31b}$$

$$k_3 = \frac{\mu^2(1-c)}{\Delta} \tag{7.31c}$$

$$k_4 = \frac{\mu^3 s}{\Delta} \tag{7.31d}$$

7.4 VIGA TRACIONADA

Considere, agora, a barra submetida a um carregamento transversal $p = p(x)$ e a uma força de tração P, bem como um elemento infinitesimal dela.

7.4.1 EQUAÇÕES DE EQUILÍBRIO

É fácil constatar que a equação de equilíbrio $\sum V = 0$ desse elemento conduz à mesma Equação (7.3) que a da barra comprimida.

A segunda equação de equilíbrio, $\sum M_1 = 0$, fornece:

$$M + p \cdot dx\frac{dx}{2} - (M + dM) + (V + dV)dx - Pdv = 0 \tag{7.32}$$

Se os infinitésimos de ordem superior forem desprezados, obtém-se:

$$-dM + Vdx - Pdv = 0 \tag{7.33}$$

resultando em:

$$V = \frac{dM}{dx} + P\frac{dv}{dx} \tag{7.34}$$

diferente (sinal da parcela envolvendo $P\frac{dv}{dx}$) daquela correspondente ao caso da barra comprimida.

7.4.2 EQUAÇÃO DIFERENCIAL

Procedendo-se de forma semelhante ao caso da força P de compressão, obtém-se a seguinte equação diferencial de 4ª ordem:

$$\frac{d^2}{dx^2}\left(EI\frac{d^2v}{dx^2}\right) - P\frac{d^2v}{dx^2} = p \tag{7.35}$$

Supondo-se que a rigidez à flexão EI seja constante e que não haja carregamento transversal (isto é, $p = 0$), a equação diferencial torna-se:

$$v'''' - \beta^2 v'' = 0 \tag{7.36}$$

na qual β tem o mesmo significado que em (7.12).

As raízes da equação característica associada a essa equação diferencial são $\pm\beta$ e 0 (dupla). Por conseguinte, a solução geral da Equação Diferencial (7.36) pode ser colocada na forma:

$$v(x) = A\sinh(\beta x) + B\cosh(\beta x) + Cx + D \tag{7.37}$$

em que *A*, *B*, *C* e *D* são coeficientes a determinar. A derivada *v'(x)* é, naturalmente,

$$v'(x) = \beta\, A\cosh(\beta x) + \beta\, B\sinh(\beta x) + C \tag{7.38}$$

7.4.3 VETOR DE DESLOCAMENTOS

Aplicando as condições (7.16) às funções $v = v(x)$ e $v' = v'(x)$, definidas, respectivamente, por (7.37) e (7.38), obtém-se o seguinte sistema linear de equações:

$$\begin{bmatrix} 0 & 1 & 0 & 1 \\ \beta & 0 & 1 & 0 \\ s & c & l & 1 \\ \beta c & \beta s & 1 & 0 \end{bmatrix} \begin{Bmatrix} A \\ B \\ C \\ D \end{Bmatrix} = \begin{Bmatrix} q_1 \\ q_2 \\ q_3 \\ q_4 \end{Bmatrix} \tag{7.39}$$

no qual

$$s = \sinh(\mu) \tag{7.40a}$$

$$c = \cosh(\mu) \tag{7.40b}$$

e μ é definido, como anteriormente, por (7.19).

Invertendo-se a matriz do sistema (7.39), obtém-se a solução:

$$\begin{Bmatrix} A \\ B \\ C \\ D \end{Bmatrix} = \frac{1}{\beta\Delta} \begin{bmatrix} \beta s & 1-c+\mu s & -\beta s & c-1 \\ -\beta(1-c) & -(\mu c - s) & \beta(1-c) & -(s-\mu) \\ -\beta^2 s & -\beta(1-c) & \beta^2 s & -\beta(c-1) \\ \beta(1-c+\mu s) & (\mu c - s) & -\beta(c-1) & s-\mu \end{bmatrix} \begin{Bmatrix} q_1 \\ q_2 \\ q_3 \\ q_4 \end{Bmatrix} \tag{7.41}$$

em que, agora,

$$\Delta = 2 - 2c + \mu s \tag{7.42}$$

7.4.4 VETOR DE ESFORÇOS

Os deslocamentos transversais $v = v(x)$ na barra são dados por (7.37), e a derivada $v' = v'(x)$, por (7.38). Derivando-se essa última igualdade, obtém-se:

$$v''(x) = \beta^2 A \sinh(\beta x) + \beta^2 B \cosh(\beta x) \tag{7.43}$$

Dessa forma, o momento fletor numa seção transversal de abscissa x é, em conformidade com a igualdade (7.8),

$$M(x) = -EI\ \beta^2 [A \sinh(\beta x) + B \cosh(\beta x)] \tag{7.44}$$

Os esforços cortantes são determinados, naturalmente, usando-se (7.34). Derivando-se $M(x)$ em (7.44) e utilizando $v'(x)$ dado por (7.38), a igualdade (7.34) permite escrever:

$$Q(x) = -EI\ \beta^3 \left[A \cosh(\beta x) + B \sinh(\beta x) \right] + P\left[\beta\ A \cosh(\beta x) + \beta\ B \sinh(\beta x) + C \right] \tag{7.45}$$

Em decorrência de (7.12), tem-se $P = EI\ \beta^2$, e o esforço cortante torna-se:

$$V(x) = EI\ \beta^2 C \tag{7.46}$$

observando-se, novamente, que o esforço é constante, como deveria ser (na ausência de carregamento transversal), conforme estabelece a igualdade (7.3).

As igualdades (7.26) possibilitam, com o uso de (7.44) e (7.46), que os esforços sejam colocados como:[2]

$$\begin{Bmatrix} Q_1 \\ Q_2 \\ Q_3 \\ Q_4 \end{Bmatrix} = EI\ \beta^2 \begin{bmatrix} 0 & 0 & -1 & 0 \\ 0 & -1 & 0 & 0 \\ 0 & 0 & 1 & 0 \\ s & c & 0 & 0 \end{bmatrix} \begin{Bmatrix} A \\ B \\ C \\ D \end{Bmatrix} \tag{7.47}$$

2 Novamente, em razão de $M(x)$ e $Q(x)$ não dependerem do coeficiente D, a 4ª coluna da matriz é nula.

7.4.5 MATRIZ DE RIGIDEZ DA BARRA

Em virtude de o vetor de coeficientes ser dado por (7.49), a igualdade anterior torna-se:

$$\begin{Bmatrix} Q_1 \\ Q_2 \\ Q_3 \\ Q_4 \end{Bmatrix} = \frac{EI\,\beta}{\Delta} \begin{bmatrix} \beta^2 s & \beta(1-c) & -\beta^2 s & \beta(1-c) \\ \beta(1-c) & s-\mu c & -\beta(1-c) & \mu - s \\ -\beta^2 s & -\beta(1-c) & \beta^2 s & -\beta(1-c) \\ \beta(1-c) & \mu - s & -\beta(1-c) & s - \mu c \end{bmatrix} \begin{Bmatrix} q_1 \\ q_2 \\ q_3 \\ q_4 \end{Bmatrix} \tag{7.48}$$

que, em razão de ser a relação $\{Q\} = [k]\{q\}$ pretendida, define a matriz de rigidez $[k]$.

Substituindo-se β dado por (7.29) na igualdade anterior, a matriz de rigidez pode ser escrita novamente como em (7.30), em que, agora,

$$k_1 = \frac{\mu(\mu c - s)}{\Delta} \tag{7.49a}$$

$$k_2 = \frac{\mu(s - \mu)}{\Delta} \tag{7.49b}$$

$$k_3 = \frac{\mu^2(c-1)}{\Delta} \tag{7.49c}$$

$$k_4 = \frac{\mu^3 s}{\Delta} \tag{7.49d}$$

7.5 DESENVOLVIMENTO EM SÉRIE DE TAYLOR

É interessante analisar os coeficientes k_1, k_2, k_3 e k_4 como funções da variável μ e desenvolvê-las em Série de Taylor em torno de $\mu = 0$, tanto para o caso de barra comprimida como para o de barra tracionada.

7.5.1 BARRA COMPRIMIDA

Para uma barra comprimida, os coeficientes k_1, k_2, k_3 e k_4 são dados pelas igualdades (7.31), e os citados desenvolvimentos em Série de Taylor fornecem:

$$k_1 = 4 - \frac{2}{15}\mu^2 - \frac{11}{6300}\mu^4 + O(\mu^6) \tag{7.50a}$$

$$k_2 = 2 + \frac{1}{30}\mu^2 + \frac{13}{12600}\mu^4 + O(\mu^6) \tag{7.50b}$$

$$k_3 = 6 - \frac{1}{10}\mu^2 - \frac{1}{1400}\mu^4 + O(\mu^6) \tag{7.50c}$$

$$k_4 = 12 - \frac{6}{5}\mu^2 - \frac{1}{700}\mu^4 + O(\mu^6) \tag{7.50d}$$

7.5.2 BARRA TRACIONADA

Para uma barra tracionada, os coeficientes k_1, k_2, k_3 e k_4 são definidos por (7.49), de forma que os desenvolvimentos em Série de Taylor são:

$$k_1 = 4 + \frac{2}{15}\mu^2 - \frac{11}{6300}\mu^4 + O(\mu^6) \tag{7.51a}$$

$$k_2 = 2 - \frac{1}{30}\mu^2 + \frac{13}{12600}\mu^4 + O(\mu^6) \tag{7.51b}$$

$$k_3 = 6 + \frac{1}{10}\mu^2 - \frac{1}{1400}\mu^4 + O(\mu^6) \tag{7.51c}$$

$$k_4 = 12 + \frac{6}{5}\mu^2 - \frac{1}{700}\mu^4 + O(\mu^6) \tag{7.51d}$$

7.6 EXPANSÃO DA MATRIZ DE RIGIDEZ DA BARRA

Observando os desenvolvimentos em Série de Taylor, constata-se, para os termos até $O(\mu^6)$, que as únicas diferenças que ocorrem entre as duas situações (barra comprimida e barra tracionada) são os sinais dos termos em μ^2. Entretanto, das igualdades (7.12) e (7.19) decorre que:

$$\mu^2 = \frac{Pl^2}{EI} \tag{7.52}$$

Assim, denotando por *N* o esforço normal na barra (positivo na tração e negativo na compressão), é possível escrever:

$$[k] = [k_0] + [k_G] + [k_{GG}] + O(\mu^6) \tag{7.53}$$

em que $[k_0]$ é a matriz:

$$[k_0] = \frac{EI}{l^3} \begin{bmatrix} 12 & 6l & -12 & 6l \\ & 4l^2 & -6l & 2l^2 \\ sim. & & 12 & -6l \\ & & & 4l^2 \end{bmatrix} \tag{7.54}$$

identificada como a matriz de rigidez (constitutiva) da barra; $[\overline{k}_G]$ é a matriz:

$$[k_G] = \frac{N}{l} \begin{bmatrix} \frac{6}{5} & \frac{l}{10} & -\frac{6}{5} & \frac{l}{10} \\ & \frac{2l^2}{15} & -\frac{l}{10} & -\frac{l^2}{30} \\ sim. & & \frac{6}{5} & -\frac{l}{10} \\ & & & \frac{2l^2}{15} \end{bmatrix} \tag{7.55}$$

identificada como a matriz de rigidez geométrica da barra; e $[\overline{k}_{GG}]$ é a matriz:

$$[k_{GG}] = -\frac{N^2 l}{EI} \begin{bmatrix} \frac{1}{700} & \frac{l}{1400} & -\frac{1}{700} & \frac{l}{1400} \\ & \frac{11l^2}{6300} & -\frac{l}{1400} & -\frac{13l^2}{12600} \\ sim. & & \frac{1}{700} & -\frac{l}{1400} \\ & & & \frac{11l^2}{6300} \end{bmatrix} \tag{7.56}$$

7.7 MATRIZ DE RIGIDEZ DE UMA BARRA DE PÓRTICO PLANO

Numa barra de pórtico plano como a da Figura 7.3, é necessário considerar, em cada extremidade, três deslocamentos.

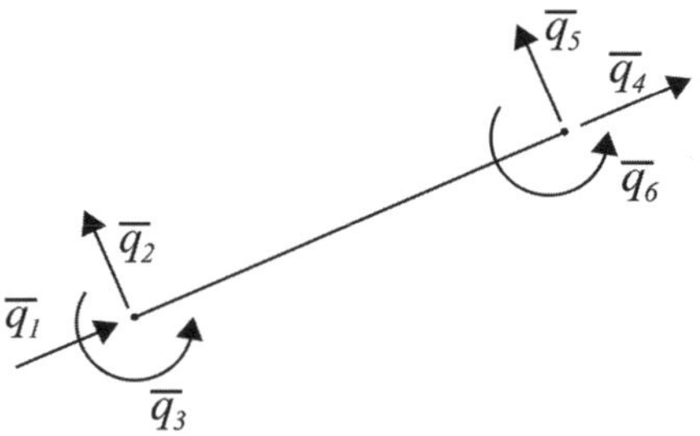

Figura 7.3 Deslocamentos nodais de elemento de pórtico plano no Sistema Local de Referência.

Assim, o vetor de deslocamentos e o vetor de esforços, ambos nas extremidades da barra, no sistema local de referência (SRL), são

$$\{\bar{q}\} = \begin{Bmatrix} \bar{q}_1 \\ \bar{q}_2 \\ \bar{q}_3 \\ \bar{q}_4 \\ \bar{q}_5 \\ \bar{q}_6 \end{Bmatrix} \qquad \{\bar{Q}\} = \begin{Bmatrix} \bar{Q}_1 \\ \bar{Q}_2 \\ \bar{Q}_3 \\ \bar{Q}_4 \\ \bar{Q}_5 \\ \bar{Q}_6 \end{Bmatrix} \tag{7.57}$$

Dessa forma, a matriz de rigidez da barra de pórtico plano é a matriz 6 x 6:

$$[\bar{k}] = \begin{bmatrix} \frac{EA}{l} & 0 & 0 & -\frac{EA}{l} & 0 & 0 \\ & \frac{k_4 EI}{l^3} & \frac{k_3 EI}{l^2} & 0 & -\frac{k_4 EI}{l^3} & \frac{k_3 EI}{l^2} \\ & & \frac{k_1}{l} & 0 & -\frac{k_3 EI}{l^2} & \frac{k_2}{l} \\ & & & \frac{EA}{l} & 0 & 0 \\ & sim. & & & \frac{k_4 EI}{l^3} & -\frac{k_3 EI}{l^2} \\ & & & & & \frac{k_1}{l} \end{bmatrix} \tag{7.58}$$

Considerando-se os desenvolvimentos em Série de Taylor dos coeficientes k_1, k_2, k_3 e k_4, para uma barra comprimida conforme (7.31) e para uma barra tracionada conforme (7.49), obtém-se a seguinte expansão para a matriz de rigidez de barra de pórtico no sistema local de referência:

$$\left[\bar{k}\right]=\left[\bar{k}_0\right]+\left[\bar{k}_G\right]+\left[\bar{k}_{GG}\right]+O\left(\mu^6\right) \tag{7.59}$$

A matriz de rigidez (constitutiva) da barra é:

$$\left[\bar{k}_0\right]=\begin{bmatrix} \frac{EA}{l} & 0 & 0 & -\frac{EA}{l} & 0 & 0 \\ & \frac{12EI}{l^3} & \frac{6EI}{l^2} & 0 & -\frac{12EI}{l^3} & \frac{6EI}{l^2} \\ & & \frac{4EI}{l} & 0 & -\frac{6EI}{l^2} & \frac{2EI}{l} \\ & & & \frac{EA}{l} & 0 & 0 \\ & sim. & & & \frac{12EI}{l^3} & -\frac{6EI}{l^2} \\ & & & & & \frac{4EI}{l} \end{bmatrix} \tag{7.60}$$

e a matriz de rigidez geométrica da barra é:

$$\left[\bar{k}_G\right]=\frac{N}{l}\begin{bmatrix} 0 & 0 & 0 & 0 & 0 & 0 \\ & \frac{6}{5} & \frac{l}{10} & 0 & -\frac{6}{5} & \frac{l}{10} \\ & & \frac{2l^2}{15} & 0 & -\frac{l}{10} & -\frac{l^2}{30} \\ & & & 0 & 0 & 0 \\ & sim. & & & \frac{6}{5} & -\frac{l}{10} \\ & & & & & \frac{2l^2}{15} \end{bmatrix} \tag{7.61}$$

e

$$\left[\bar{k}_{GG}\right]=-\frac{N^2l}{EI}\begin{bmatrix} 0 & 0 & 0 & 0 & 0 & 0 \\ & \frac{1}{700} & \frac{l}{1400} & 0 & -\frac{1}{700} & \frac{l}{1400} \\ & & \frac{11l^2}{6300} & 0 & -\frac{l}{1400} & -\frac{13l^2}{12600} \\ & & & 0 & 0 & 0 \\ & sim. & & & \frac{1}{700} & -\frac{l}{1400} \\ & & & & & \frac{11l^2}{6300} \end{bmatrix} \tag{7.62}$$

Como as matrizes anteriores estão referidas ao sistema local de referência (SLR), no caso de um pórtico plano é necessário obtê-las em relação ao sistema global de referência (SGR). Isso é feito mediante as fórmulas de rotação de eixos da análise matricial de estruturas.

7.8 EXEMPLOS

7.8.1 EXEMPLO 1

Considere uma viga engastada apoiada para a qual se quer determinar a carga crítica. Essa carga é, naturalmente, o menor valor de P para o qual se tem det({k}) = 0.

a) Utilizando-se a matriz estabelecida em (7.30):

Eliminando-se os graus de liberdade restringidos 1, 2 e 3, obtém-se a seguinte equação:

$$\frac{EI}{l}\left(k_1\right)=0 \tag{7.63}$$

que se torna, em virtude da igualdade (7.31a),

$$\tan\left(\mu\right)=\mu \tag{7.64}$$

cuja solução é, para 5 dígitos significativos, μ = 4,4934. Tendo em vista a igualdade (7.52), tem-se:

$$P_{crit}=\frac{\mu^2 EI}{l^2} \tag{7.65}$$

e, consequentemente,

$$P_{crit} = \frac{20{,}19EI}{l^2} \tag{7.66}$$

É óbvio que esse valor é a própria carga crítica de Euler para a barra engastada apoiada.

b) Utilizando-se a aproximação $[k] \approx [k_0] + [k_G]$:

Com as matrizes dadas por (7.54) e (7.55) e procedendo à eliminação dos graus de liberdade restringidos, obtém-se a seguinte equação:

$$\frac{EI}{l}\left(4l^2\right) - \frac{P_{crit}}{l}\left(\frac{2l^2}{15}\right) = 0 \tag{7.67}$$

cuja solução é:

$$P_{crit} = \frac{30EI}{l^2} \tag{7.68}$$

Constata-se, assim, que utilizando essa aproximação obtém-se P_{crit} com um erro de 48,6%.

c) Utilizando-se a aproximação $[k] \approx [k_0] + [k_G] + [k_{GG}]$:

Com as matrizes dadas por (7.54), (7.55) e (7.56) e procedendo como anteriormente, resulta a equação:

$$\frac{EI}{l}\left(4l^2\right) - \frac{P_{crit}}{l}\left(\frac{2l^2}{15}\right) - \frac{P_{crit}^2 l}{EI}\left(\frac{11l^2}{6300}\right) = 0 \tag{7.69}$$

obtendo-se a seguinte equação de segundo grau:

$$\frac{11}{6300}\rho^2 + \frac{2}{15}\rho - 4 = 0 \tag{7.70}$$

na qual

$$\rho = \frac{P_{crit}}{\frac{EI}{l^2}} \tag{7.71}$$

A menor solução positiva é, para seis dígitos significativos, ρ = 23,0453, de forma que a carga crítica para o caso é:

$$P_{crit} = 23,05\frac{EI}{l^2} \tag{7.72}$$

um erro de 14,2%.

7.8.2 EXEMPLO 2

Este exemplo objetiva abordar o problema linear de estabilidade para um pórtico plano. A Matriz de Rigidez da Estrutura é montada, naturalmente, a partir das matrizes de cada barra. Para um carregamento do tipo $\lambda\{P\}$, em que $\{P\}$ é o vetor de cargas nodais aplicadas, a Matriz de Rigidez da Estrutura $[K]$, que inclui a interação do esforço normal com o momento fletor, pode ser aproximada por:

$$[K] = [K_0] + \lambda[K_G] \tag{7.73}$$

em que $[K_G]$ é montada a partir da matriz de rigidez geométrica de cada barra, com os esforços normais calculados para o carregamento $\{P\}$. Assim, a condição:

$$\det\left([K_0] + \lambda[K_G]\right) = 0 \tag{7.74}$$

pode ser equivalentemente substituída pelo problema de autovalores e autovetores:

$$[K_0]\{\varphi\} = -\lambda[K_G]\{\varphi\} \tag{7.75}$$

Esse procedimento viabiliza a determinação de cargas críticas de sistemas com vários graus de liberdade.

Para observar o efeito da discretização na aproximação dos autovalores, três discretizações foram feitas no pórtico simples das Figuras 7.4, 7.5 e 7.6. Dados: comprimento das barras: 3 m, área da seção transversal A = 0,045 m^2, momento de inércia da seção $I = 3,375\times10^{-4}$ m^4 e módulo de elasticidade $E = 3\times10^7$ kN/m^2; o carregamento é constituído por duas cargas concentradas de intensidade P = 500 kN.

Este mesmo exemplo é analisado pelo programa MATLAB no Anexo 2.

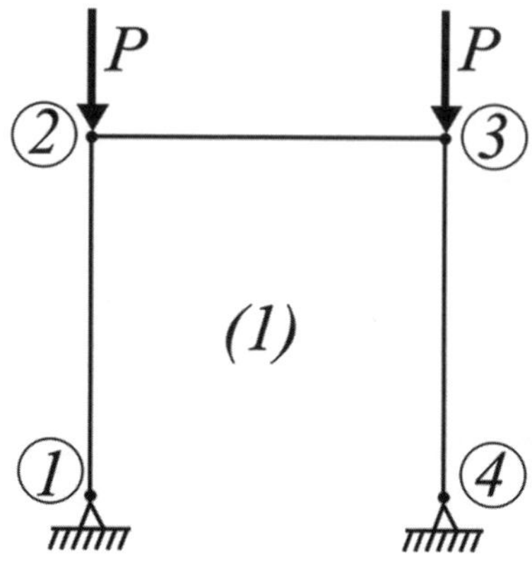

Figura 7.4 Pórtico plano discretizado com três elementos.

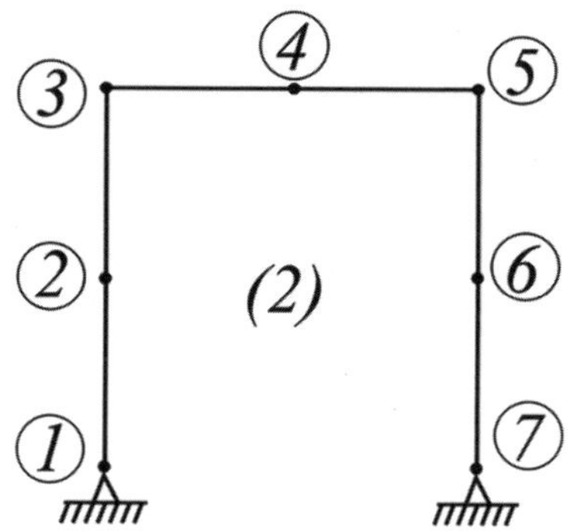

Figura 7.5 Pórtico plano discretizado com seis elementos.

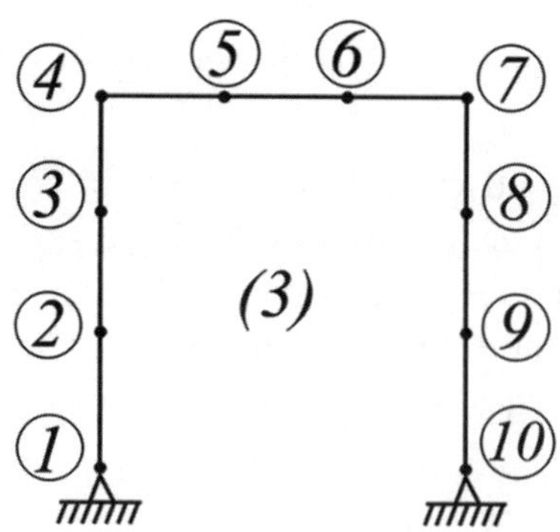

Figura 7.6 Pórtico plano discretizado com nove elementos.

Foram obtidos os seguintes resultados:

Discretização	λ_1	λ_2	λ_3
(1)	4,0870	37,9517	52,5936
(2)	4,0674	29,2766	38,3938
(3)	4,0757	29,0697	38,0106

7.8.3 EXEMPLO 3

No exemplo da Figura 7.7, faz-se, novamente, uma análise linear de estabilidade de um pórtico plano. No primeiro modelo tem-se um pórtico de oito pavimentos, com todas as barras tendo l = 3 m, $A = 0{,}045\ \text{m}^2$, $I = 3{,}375 \times 10^{-4}\ \text{m}^4$ e $E = 3 \times 10^7\ \text{kN/m}^2$. O carregamento $\{P\}$ é constituído por cargas concentradas verticais, dirigidas para baixo, atuantes em todos os nós livres, com intensidade de 100 kN. Foi estudado também um segundo modelo, derivado do primeiro, com a colocação de barras inclinadas nos pavimentos pares.

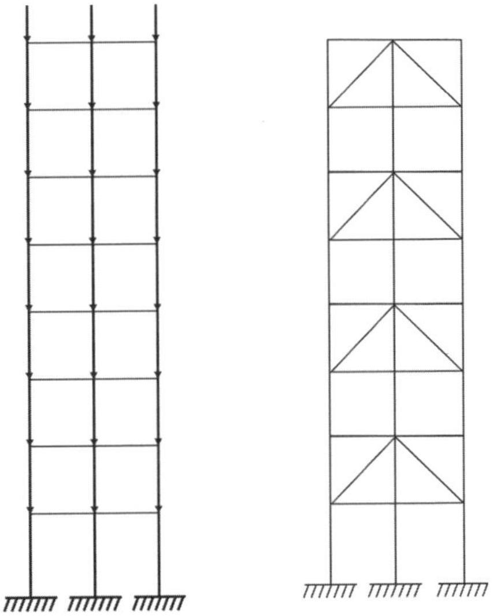

(a) (b)

Figura 7.7 Modelos de edifícios aporticados: (a) sem travamento; (b) com travamento.

Modelo	λ_1	λ_2	λ_3	λ_4
(1)	8,0784	10,5071	12,9467	15,3022
(2)	11,7976	13,2362	19,3289	37,8892

CAPÍTULO 8

O Método dos Elementos Finitos no estudo da estabilidade do equilíbrio de estruturas

Neste capítulo, são apresentadas noções da aplicação do Método dos Elementos Finitos no estudo da estabilidade do equilíbrio de estruturas. Com o sentido de facilitar o entendimento, é feita a aplicação do método a estruturas como pórticos planos, demonstrando que se chega às mesmas soluções já desenvolvidas no Capítulo 7.

8.1 HISTÓRICO

O Método dos Elementos Finitos (MEF) pode ser considerado historicamente uma contribuição original da engenharia de estruturas à física matemática em geral, motivada pelo esforço de se estender à análise dos contínuos estruturais os procedimentos computacionais que vimos nos dois capítulos anteriores, desenvolvidos, quando do advento do computador eletrônico digital de programa armazenado, para as estruturas reticuladas de comportamento linear (em que uma discretização quase espontânea é sugerida).

Entretanto, passado já mais de meio século de sua introdução, pode-se traçar um quadro mais amplo de suas filiações matemáticas. O processo se encaixa na categoria geral dos métodos de discretização dos problemas dos contínuos físicos e de solução aproximada de suas equações diferenciais governantes.

Encontram-se suas raízes nos procedimentos com *trial functions* utilizados nos métodos variacionais de Rayleigh (1945), bem como no tratamento de resíduos ponderados de soluções por séries de problemas elásticos devidas a Timoshenko e Gere (1961).

Já em 1943, R. Courant apresentou uma solução para o problema da torção com divisão do domínio da seção transversal em triângulos e emprego de *piecewise continuous functions* que praticamente antecipou o MEF.

As primeiras contribuições originais na engenharia de estruturas são de Argyris e Kelsey, em 1960, e do trabalho de 1956 de Turner, Clough, Martin e Topp, ambos na elasticidade plana e aplicados à engenharia aeronáutica. É Ray W. Clough quem pela primeira vez utiliza a expressão *elementos finitos*. Daí em diante, os progressos, tanto nas aplicações como na formalização matemática, desenvolveram-se em ritmo espetacular, levando, ao final da década de 1960, aos grandes programas comerciais de propósitos múltiplos, como Nastran, SAP (e seus clones), Ansys e outros. Cabe citar, na análise não linear e de estabilidade de estruturas, os trabalhos pioneiros de Gallagher (1975).

8.2 PROBLEMAS DE EQUILÍBRIO NO MEF

No MEF, o domínio de um contínuo estrutural é dividido em subdomínios pequenos, mas finitos, chamados *elementos*, tendo pontos em comum chamados *nós*. No que segue, apresenta-se o MEF em sua versão em deslocamentos.

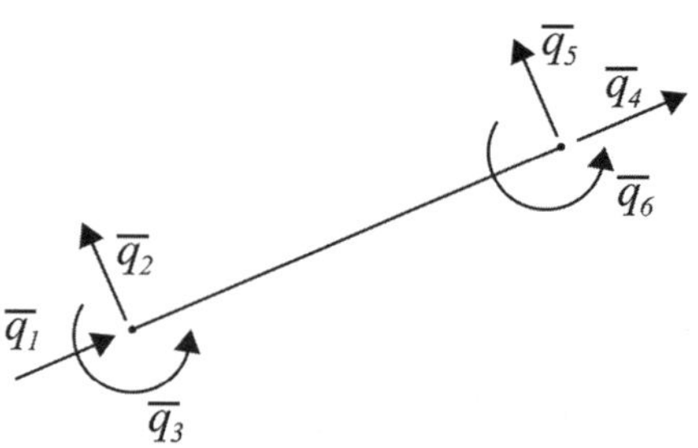

Figura 8.1 Deslocamentos nodais de Elemento Finito de pórtico plano no Sistema Local de Referência.

Como exemplo, um elemento de pórtico plano tem três deslocamentos nodais em cada extremidade, duas translações e uma rotação (Figura 8.1), de forma que se pode escrever um vetor de deslocamentos nodais no SLR:

$$\{\bar{q}\} = \begin{bmatrix} \bar{q}_1 & \bar{q}_2 & \bar{q}_3 & \bar{q}_4 & \bar{q}_5 & \bar{q}_6 \end{bmatrix}^T \tag{8.1}$$

Os deslocamentos no interior desses elementos, na direção longitudinal e transversal à barra, são:

$$\{\bar{u}\} = \begin{Bmatrix} \bar{u} \\ \bar{v} \end{Bmatrix} \tag{8.2}$$

aproximados por uma superposição de funções de forma simples $[N(x)]$, na qual x é o eixo longitudinal da barra, cujas amplitudes são proporcionais aos deslocamentos de seus nós, as incógnitas básicas ou coordenadas generalizadas:

$$\{\bar{u}\}=[N]\{\bar{q}\} \tag{8.3}$$

O que caracteriza as funções de forma do MEF, diferentemente das dos métodos clássicos de *trial functions* de Rayleigh, é que elas só são não nulas no interior de um dado elemento, ou seja, nesse caso são *piecewise continuous functions*, e, nesse elemento, assumem valor unitário em um de seus nós e zero nos demais. Feita essa escolha particular de funções de forma, o valor das coordenadas generalizadas é determinado de forma a se aproximar o melhor possível da solução exata do problema em questão. Isso é feito pela aplicação de um princípio físico de estacionariedade de energia, como as Equações de Lagrange, pela aplicação de princípios de trabalhos virtuais ou, ainda, pela minimização dos resíduos entre a solução aproximada e a exata, feita por uma técnica matemática como colocação, mínimos quadrados, Galerkin etc.

Em problemas de equilíbrio, como os aqui analisados, essas técnicas levam a um sistema de equações de equilíbrio do elemento na forma:

$$[\bar{k}]\{\bar{q}\}=\{\bar{Q}\} \tag{8.4}$$

em que se tem o vetor de esforços nodais no SLR contendo, em cada um dos dois nós, a força normal, a força cortante e o momento fletor, paralelamente ao visto na Figura 8.1:

$$\{\bar{Q}\}=\begin{bmatrix}\bar{Q}_1 & \bar{Q}_2 & \bar{Q}_3 & \bar{Q}_4 & \bar{Q}_5 & \bar{Q}_6\end{bmatrix}^T \tag{8.5}$$

e em que se define a Matriz de Rigidez do elemento de pórtico plano no SLR:

$$[\bar{k}]=\int_{V_e}[B]^T[E][B]dV \tag{8.6}$$

Essa integral no volume do elemento inclui a matriz:

$$[B]=[L][N] \tag{8.7}$$

resultante da aplicação de um operador diferencial $[L]$ à matriz das funções de forma $[N]$, e uma matriz $[E]$ de propriedades do material.

Em seguida, a matriz de rigidez $[\bar{k}]$ no SLR é alterada para o sistema global de referência (SGR) pela transformação:

$$[k]=[T]^T\left[\bar{k}\right][T] \tag{8.8}$$

em que $[T]$ é uma matriz de transformação entre as coordenadas generalizadas no SLR e suas equivalentes no SGR:

$$\{q\}=[T]^T\{\bar{q}\} \tag{8.9}$$

Finalmente, em um processo de "espalhamento" em tudo idêntico ao da análise matricial de estruturas tradicional, monta-se o sistema de equações de equilíbrio da estrutura não linear, no caso geral, na forma:

$$[K]\{p\}=\{P\} \tag{8.10}$$

em que se definem a Matriz de Rigidez da Estrutura $[K]$, não constante no caso geral, e os vetores de deslocamentos e esforços dos nós da estrutura, $\{p\}$ e $\{P\}$, respectivamente.

8.3 UM ELEMENTO FINITO DE BARRA DE PÓRTICO PLANO

8.3.1 CINEMÁTICA

A Figura 8.2 representa uma barra de pórtico plano prismática, de material homogêneo isotrópico elástico linear, inicialmente reta, com seu eixo coincidindo com o eixo x de seu SLR x-y. Por aplicação de momento fletor e força normal solicitantes, uma seção transversal situada numa ordenada x qualquer se desloca para uma nova posição definida pelas translações do CG dessa seção, $\bar{u}$ no sentido de x e $\bar{v}$ no sentido de y, e uma rotação θ.

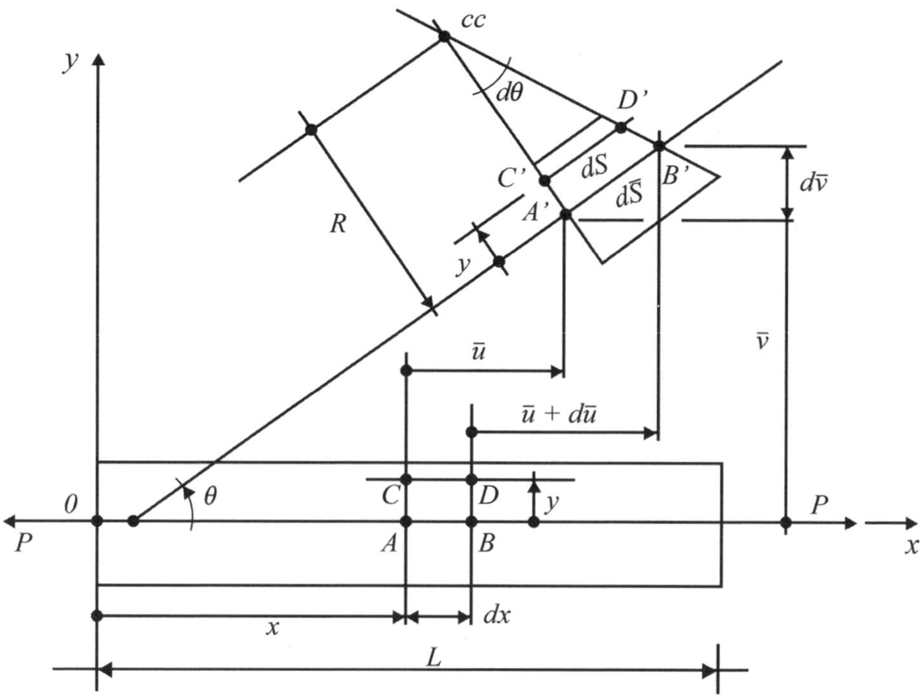

Figura 8.2 Cinemática das deformações de barra de pórtico plano, hipótese de Euler-Bernoulli.

Dentro da Teoria de Euler-Bernoulli de que as seções transversais permanecem planas, considere os deslocamentos de uma outra seção situada um dx à frente da primeira citada, em que os deslocamentos são acrescidos de $d\bar{u}$, $d\bar{v}$ e $d\theta$. Da Figura 8.2, é possível determinar que o comprimento da fibra à altura do CG da seção que era originalmente $\overline{AB} = dx$ passa a valer:

$$\overline{A'B'} = d\bar{s} = \sqrt{(dx + d\bar{u})^2 + d\bar{v}^2} \tag{8.11}$$

e a deformação da fibra do CG, na definição usual de engenharia, se escreve:

$$\bar{\varepsilon} = \frac{d\bar{s} - dx}{dx} = \sqrt{(1 + \bar{u}')^2 + \bar{v}'^2} - 1 \tag{8.12}$$

em que as linhas representam derivação em x e onde se define, também, o estiramento dessa fibra como:

$$\bar{\lambda} = 1 + \bar{\varepsilon} = \sqrt{(1 + \bar{u}')^2 + \bar{v}'^2} \tag{8.13}$$

O comprimento de outra fibra a uma distância y do CG que originalmente media $\overline{CD} = dx$ passa a ser:

$$\overline{C'D'} = ds = d\overline{s} - y\, d\theta \tag{8.14}$$

de forma que sua deformação de engenharia é:

$$\varepsilon = \frac{ds - dx}{dx} = \overline{\varepsilon} - y\theta' \tag{8.15}$$

Introduzem-se, agora, algumas aproximações usuais na engenharia:

$$tan\theta \approx \theta \approx \overline{v}' \quad \text{de onde} \quad \theta' \cong \overline{v}'' \tag{8.16}$$

e se faz uma expansão em série de $\overline{\varepsilon}$ até segunda ordem:

$$\overline{\varepsilon} = \overline{u}' + \frac{1}{2}\overline{v}'^2 \tag{8.17}$$

de forma que:

$$\varepsilon = \overline{u}' + \frac{1}{2}\overline{v}'^2 - y\,\overline{v}'' \tag{8.18}$$

8.3.2 ENERGIA DE DEFORMAÇÃO

Considerando-se material homogêneo isotrópico elástico linear obedecendo a lei de Hooke para o estado uniaxial de tensão, $\sigma = E\varepsilon$, em que E é o módulo de elasticidade do material, a energia de deformação da peça é:

$$U = \frac{1}{2}\int_V \sigma\varepsilon\, dV = \frac{E}{2}\int_0^L \left(\int_A \varepsilon^2 dA\right) dx \tag{8.19}$$

em que:

$$\varepsilon^2 = \overline{u}'^2 + y^2\overline{v}''^2 + \frac{1}{4}\overline{v}'^4 - 2y\overline{u}'\overline{v}'' + \overline{u}'\overline{v}'^2 - y\overline{v}''\overline{v}'^2 \tag{8.20}$$

Na Equação (8.20), pode-se desprezar o 3º termo do lado direito, à quarta potência, e lembrar que, para os eixos da seção transversal adotados, que passam por seu CG, tem-se:

$$A = \int_A dA \qquad I = \int_A y^2 dA \qquad \int_A y\, dA = 0 \tag{8.21}$$

para chegar-se a:

$$U = \frac{E}{2}\int_0^L \left(A\overline{u}'^2 + I\overline{v}''^2\right)dx + \frac{P}{2}\int_0^L \overline{v}'^2 dx \tag{8.22}$$

Para chegar-se à segunda integral do lado direito da Equação (8.22), foi feita a consideração de que a deformação $\overline{u}'$, presente no 5º termo da Equação (8.20), tenha valor aproximadamente constante ao longo da barra, de forma que a tensão normal σ, dada pela Lei de Hooke, também seja constante e possa ser tirada de dentro da integral. A tensão multiplicada pela área é a força normal, considerada constante ao longo da barra.

8.3.3 DISCRETIZAÇÃO PELO MEF

Fundindo as Equações (8.2) e (8.3):

$$\{\overline{u}\} = \begin{Bmatrix} \overline{u} \\ \overline{v} \end{Bmatrix} = [N]\{\overline{q}\} \tag{8.23}$$

nota-se que a matriz de funções de forma $[N(x)]$ tem duas linhas e seis colunas. A primeira linha contém as funções que interpolam os deslocamentos axiais $\overline{u}$, e a segunda, os deslocamentos transversais ao eixo $\overline{v}$, podendo ser particionada na forma:

$$[N(x)] = \begin{bmatrix} [N_u(x)] \\ [N_v(x)] \end{bmatrix} \tag{8.24}$$

Para barras de pórticos planos, são usuais funções lineares para $[N_u(x)]$ e polinômios cúbicos para $[N_v(x)]$:

$$[N]=\begin{bmatrix}[N_u]\\ [N_v]\end{bmatrix}=$$
$$\begin{bmatrix} 1-\dfrac{x}{L} & 0 & 0 & \dfrac{x}{L} & 0 & 0 \\ 0 & 1-3\left(\dfrac{x}{L}\right)^2+2\left(\dfrac{x}{L}\right)^3 & x\left(1-\dfrac{x}{L}\right)^2 & 0 & 3\left(\dfrac{x}{L}\right)^2-2\left(\dfrac{x}{L}\right)^3 & \dfrac{x^2}{L}\left(\dfrac{x}{L}-1\right) \end{bmatrix} \tag{8.25}$$

Não há nenhuma dificuldade em determinar suas derivadas em x:

$$[N']=\begin{bmatrix}[N'_u]\\ [N'_v]\end{bmatrix} \qquad [N'']=\begin{bmatrix}[N''_u]\\ [N''_v]\end{bmatrix}$$

de forma que a energia de deformação da Equação (8.22) passa a ter sua forma aproximada pelo MEF:

$$\tilde{U}=\{\bar{q}\}^T\left(\frac{EA}{2}\int_0^L[N'_u]^T[N'_u]dx+\frac{EI}{2}\int_0^L[N''_v]^T[N''_v]dx + \frac{P}{2}\int_0^L[N'_v]^T[N'_v]dx\right)\{\bar{q}\} \tag{8.26}$$

O produto escalar do vetor dos deslocamentos nodais da Equação (8.1) pelo vetor dos esforços nodais da Equação (8.5) resulta no trabalho:

$$\tilde{W}=\{\bar{q}\}^T\{\bar{Q}\} \tag{8.27}$$

que compõe a energia potencial total:

$$\tilde{V}=\tilde{U}-\tilde{W} \tag{8.28}$$

Aplica-se, agora, o princípio de que o equilíbrio corresponde a um valor estacionário da EPT:

$$\frac{\partial\tilde{V}}{\partial\{\bar{q}\}^T}=0 \tag{8.29}$$

que leva ao sistema de equações de equilíbrio do elemento de pórtico plano no SLR:

$$\left(\left[\bar{k}_0\right]+\left[\bar{k}_G\right]\right)\{\bar{q}\}=\{\bar{Q}\} \tag{8.30}$$

Na Equação (8.30), se observam: a matriz de rigidez inicial ou elástica,

$$\left[\bar{k}_0\right]=EA\int_0^L\left[N_u'\right]^T\left[N_u'\right]dx+EI\int_0^L\left[N_v''\right]^T\left[N_v''\right]dx \tag{8.31}$$

e a matriz de rigidez geométrica,

$$\left[\bar{k}_G\right]=P\int_0^L\left[N_v'\right]^T\left[N_v'\right]dx \tag{8.32}$$

Essas duas matrizes são exatamente as mesmas obtidas no Capítulo 7, Equações (7.59) e (7.60), não sendo necessário repeti-las aqui. O programa em MATLAB fornecido no Anexo 2 também é o mesmo.

CAPÍTULO 9
Estabilidade de placas finas

9.1 GENERALIDADES

Placas são peças estruturais em que uma dimensão, a espessura *e*, é muito menor que as outras duas. Elas são planas, e os carregamentos são supostamente perpendiculares a esse plano, gerando flexão e cisalhamento. É o caso, por exemplo, dos painéis de fechamento de asas de aeronaves, em que pequenas curvaturas permitem a aproximação por um plano e o carregamento predominante são as forças de sustentação sempre normais à superfície da peça. Na engenharia civil, têm-se as lajes de concreto armado e protendido.

Um desenvolvimento semelhante ao apresentado a seguir pode ser encontrado em Brasil (2020).

9.1.1 DERIVANDO A EQUAÇÃO DE SOPHIE-GERMAIN E LAGRANGE

Considere-se a placa da Figura 9.1, de espessura muito fina h, contida no plano horizontal x-y. Supõe-se que seja retangular, com comprimento a na direção do eixo x e largura b na direção do eixo y. Um carregamento transversal a seu plano (na direção vertical) $p = p(x,y)$ provoca deslocamentos transversais (verticais) de seus pontos, dados por $w = w(x,y)$, conforme a Figura 9.2. Dentro das hipóteses de placas finas de Kirchhoff-Love e adotando-se material elástico linear isotrópico e homogêneo, o problema é regido pela Equação de Sophie-Germain e Lagrange:

$$\nabla^4 w = \frac{p}{D} \tag{9.1}$$

na qual o operador nabla quatro é:

$$\nabla^4 = \frac{\partial^4}{\partial x^4} + 2\frac{\partial^4}{\partial x^2 \partial y^2} + \frac{\partial^4}{\partial y^4} \tag{9.2}$$

na qual:

$$D = \frac{Ee^3}{12\left(1-\nu^2\right)} \tag{9.3}$$

é a rigidez flexional da placa. Sua dedução é apresentada a seguir.

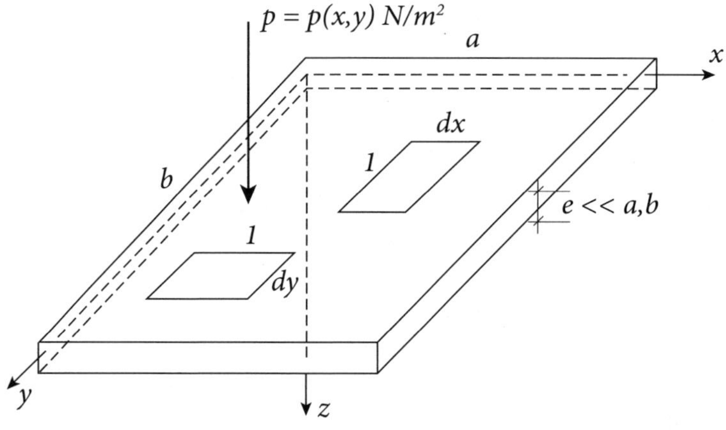

Figura 9.1 Nomenclatura de modelo de placa.

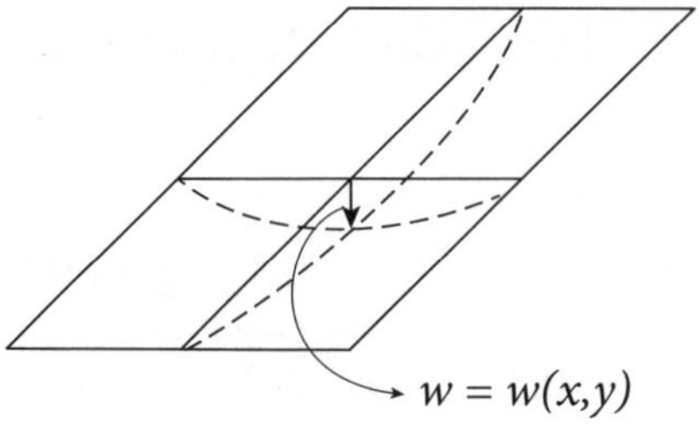

Figura 9.2 Descolamento transversal ao plano da placa.

9.1.2 CINEMÁTICA

Considere, primeiro, um elemento dessa placa de comprimento dx e largura unitária. Adotando-se a hipótese de que as seções permanecem planas após a flexão, conforme a Figura 9.3, tem-se que a deformação de uma fibra distante z do plano neutro é:

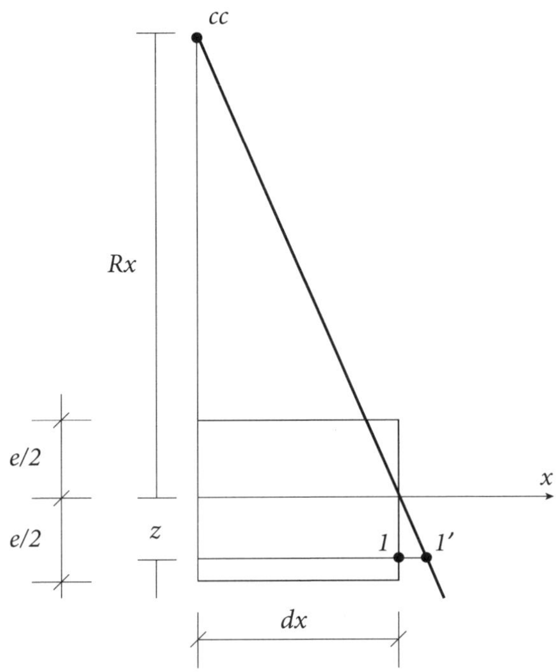

Figura 9.3 Deformação de placa devida à flexão, no sentido de x.

$$\varepsilon_x = \frac{\overline{11'}}{dx} = \frac{z}{R_x} = \kappa_x z \tag{9.4}$$

em que:

$$\kappa_x = \frac{1}{R_x} = -\frac{\partial^2 w}{\partial x^2} \tag{9.5}$$

é a curvatura em x, o inverso do correspondente raio de curvatura.

Considere-se, agora, um elemento dessa placa de comprimento dy e largura unitária. Adotando-se a hipótese de que as seções permanecem planas após a flexão, conforme a Figura 9.4, tem-se que a deformação de uma fibra distante z do plano neutro é:

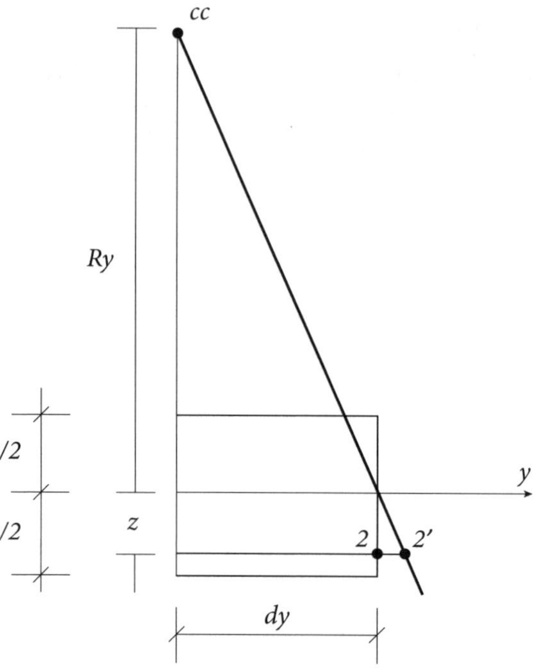

Figura 9.4 Deformação de placa devida à flexão, no sentido de y.

$$\varepsilon_y = \frac{\overline{22'}}{dy} = \frac{z}{R_y} = \kappa_y z \tag{9.6}$$

em que:

$$\kappa_y = \frac{1}{R_y} = -\frac{\partial^2 w}{\partial y^2} \tag{9.7}$$

é a curvatura em *y*, o inverso do correspondente raio de curvatura.

9.1.3 LEI DE HOOKE

Adota-se material elástico linear isotrópico e homogêneo, com módulo de elasticidade E e coeficiente de Poisson ν. Assim, as tensões normais nas duas direções do plano são:

$$\sigma_x = \frac{E}{1-\nu^2}\left(\varepsilon_x + \nu\varepsilon_y\right) = -\frac{E}{1-\nu^2}\left(\frac{\partial^2 w}{\partial x^2} + \nu\frac{\partial^2 w}{\partial y^2}\right)z \tag{9.8}$$

$$\sigma_y = \frac{E}{1-\nu^2}\left(\varepsilon_y + \nu\varepsilon_x\right) = -\frac{E}{1-\nu^2}\left(\frac{\partial^2 w}{\partial y^2} + \nu\frac{\partial^2 w}{\partial x^2}\right)z \tag{9.9}$$

que atuam como indicado nas Figuras 9.5 e 9.6.

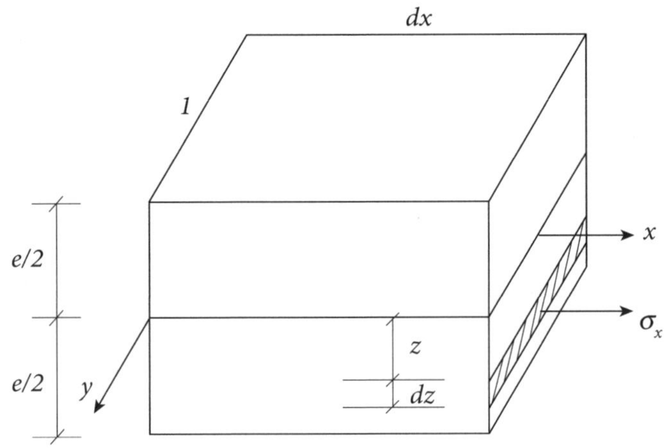

Figura 9.5 Tensão normal em placa devida à flexão, no sentido de x.

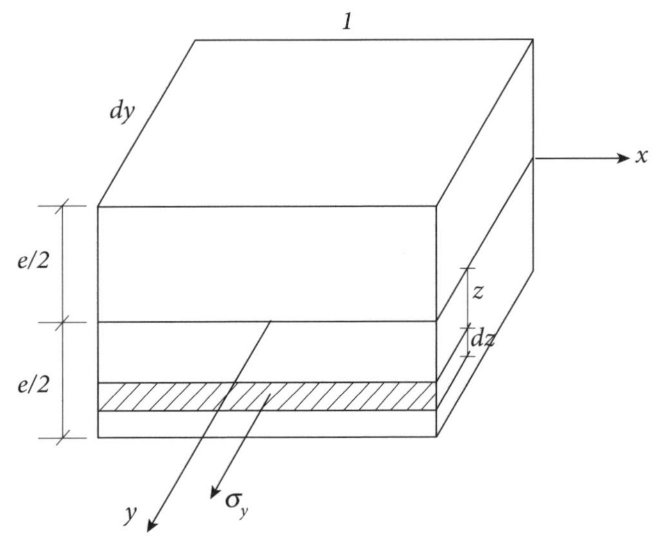

Figura 9.6 Tensão normal em placa devida à flexão, no sentido de y.

A integração dessas tensões fornece os momentos fletores por unidade de comprimento dados por:

$$M_x = \int_{-e/2}^{e/2} \sigma_x z dz = -D\left(\frac{\partial^2 w}{\partial x^2} + \nu \frac{\partial^2 w}{\partial y^2}\right) \tag{9.10}$$

$$M_y = \int_{-e/2}^{e/2} \sigma_y z dz = -D\left(\frac{\partial^2 w}{\partial y^2} + \nu \frac{\partial^2 w}{\partial x^2}\right) \tag{9.11}$$

$$D = \frac{E}{1-\nu^2} \int_{-e/2}^{e/2} z^2 dz = \frac{Ee^3}{12\left(1-\nu^2\right)} \tag{9.12}$$

Tensões tangenciais (de cisalhamento) também atuam nas faces do elemento de placa de comprimentos unitários nas duas direções representado na Figura 9.7, resultando em forças cortantes por unidade de comprimento:

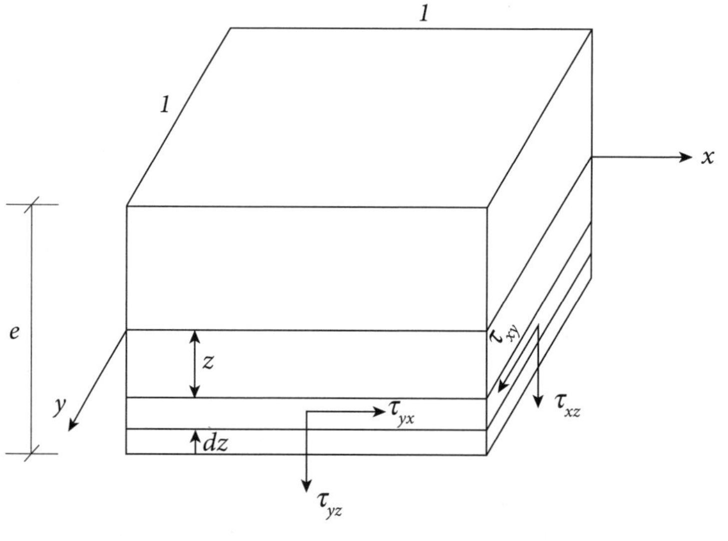

Figura 9.7 Tensões tangenciais em placa devidas a flexão e torção.

$$Q_x = \int_{-e/2}^{e/2} \tau_{xz} dz \tag{9.13}$$

$$Q_y = \int_{-e/2}^{e/2} \tau_{yz} dz \tag{9.14}$$

e momentos de torção:

$$M_{xy} = -\int_{-e/2}^{e/2} \tau_{xy} z dz = -D\left(1-\nu^2\right)\frac{\partial^2 w}{\partial x \partial y} \tag{9.15}$$

$$M_{xy} = \int_{-e/2}^{e/2} \tau_{xy} z dz = D\left(1-\nu^2\right)\frac{\partial^2 w}{\partial x \partial y} \tag{9.16}$$

9.1.4 EQUILÍBRIO

Escreve-se, agora, o equilíbrio de forças na vertical de um elemento de placa de comprimentos dx e dy no plano, conforme indicado na Figura 9.8, resultando:

$$\frac{\partial Q_x}{\partial x} + \frac{\partial Q_y}{\partial y} = -p \tag{9.17}$$

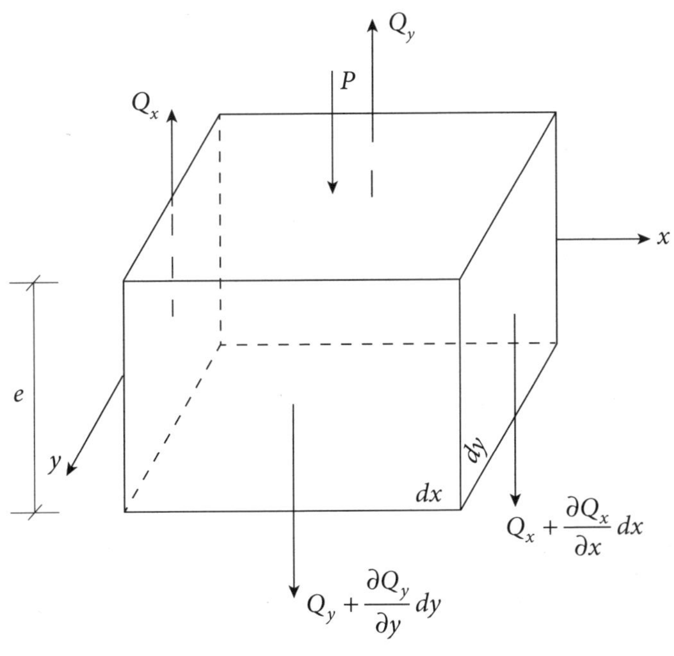

Figura 9.8 Elemento de placa: equilíbrio diferencial de forças verticais.

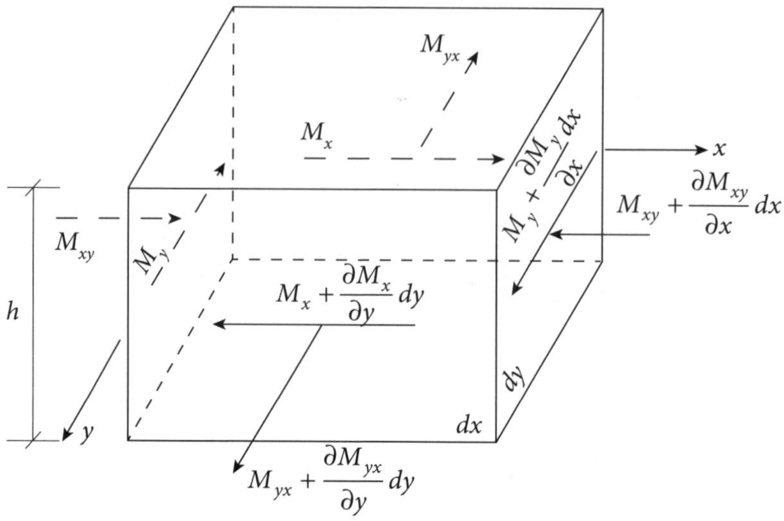

Figura 9.9 Elemento de placa: equilíbrio diferencial de momentos fletores e de torção.

Analisando a Figura 9.9, escreve-se o equilíbrio de momentos em torno dos eixos x e y, desprezando-se termos de ordem superior, na forma:

$$Q_y = \frac{\partial M_x}{\partial y} + \frac{\partial M_{xy}}{\partial x} \tag{9.18}$$

$$Q_x = \frac{\partial M_y}{\partial x} + \frac{\partial M_{yx}}{\partial y} \tag{9.19}$$

que, substituídas na equação de equilíbrio de forças cortantes, resultam, finalmente, em:

$$\frac{\partial^2 M_y}{\partial x^2} + 2\frac{\partial^2 M_{xy}}{\partial x \partial y} + \frac{\partial^2 M_x}{\partial y^2} = -p \tag{9.20}$$

Agora, basta substituir as expressões dos momentos fletores e de torção, escritas em função do deslocamento transversal w, para chegar à já apresentada Equação de Sophie-Germain e Lagrange:

$$\nabla^4 w = \frac{p}{D} \tag{9.21}$$

9.1.5 SOLUÇÃO

Se for determinada a função $w = w(x,y)$, podem-se, em princípio, determinar os esforços solicitantes na placa. Os momentos fletores por unidade de comprimento, já apresentados, são:

$$M_y = -D\left(\frac{\partial^2 w}{\partial y^2} + \nu\frac{\partial^2 w}{\partial x^2}\right) \tag{9.22}$$

$$M_x = -D\left(\frac{\partial^2 w}{\partial x^2} + \nu\frac{\partial^2 w}{\partial y^2}\right) \tag{9.23}$$

Os momentos de torção por unidade de comprimento, são:

$$M_{xy} = -D(1-\nu)\frac{\partial^2 w}{\partial x \partial y} \tag{9.24}$$

$$M_{yx} = D(1-\nu)\frac{\partial^2 w}{\partial x \partial y} \tag{9.25}$$

e as forças cortantes também por unidade de comprimento, já apresentadas, são:

$$Q_x = \frac{\partial M_y}{\partial x} + \frac{\partial M_{xy}}{\partial y} \tag{9.26}$$

$$Q_y = \frac{\partial M_x}{\partial y} + \frac{\partial M_{yx}}{\partial x} \tag{9.27}$$

Trata-se de uma equação diferencial parcial de quarta ordem cuja solução depende das condições de contorno nos lados da placa. No geral, a placa pode ser:

1) simplesmente apoiada, em que o deslocamento vertical e a derivada segunda, relacionada com o momento fletor, são nulos;
2) engastada, em que o deslocamento vertical e a derivada primeira, relacionada com a tangente à superfície deformada, são nulos;
3) livre, em que o deslocamento é livre e os momentos fletores são nulos.

Na prática, soluções fechadas são muito difíceis de se obter. Com a disponibilidade atual de métodos computacionais, esses são preferíveis para fins profissionais e serão detalhados na sequência deste capítulo. Existem na literatura técnica, entretanto, soluções obtidas por séries trigonométricas infinitas, uma vez que funções harmônicas são tratáveis quando aplicadas à Equação de Sophie-Germain e Lagrange e em condições de contorno usuais. Tabelas geradas por essas soluções podem ser encontradas em, por exemplo, Timoshenko.

9.2 ESTABILIDADE: EQUAÇÃO DE SAINT-VENANT

Considere agora o caso de presença de forças normais N_x e N_y e de cisalhamento N_{xy} e N_{yx} por unidade de comprimento, contidas no plano *x*-*y* da placa, conforme a Figura 9.10. Se forem de pequena intensidade, espera-se que não influenciem nos deslocamentos transversais *w* da placa. Caso contrário, isso pode ocorrer e levar, no limite, à instabilidade (flambagem). A projeção dessas forças no plano *x*-*y* da placa resulta nas equações de equilíbrio:

$$\frac{\partial N_x}{\partial x}+\frac{\partial N_{yx}}{\partial y}=0 \tag{9.28}$$

$$\frac{\partial N_y}{\partial y}+\frac{\partial N_{xy}}{\partial x}=0 \tag{9.29}$$

Essas equações são inteiramente independentes das três equações de equilíbrio, Equações (9.17), (9.18) e (9.19).

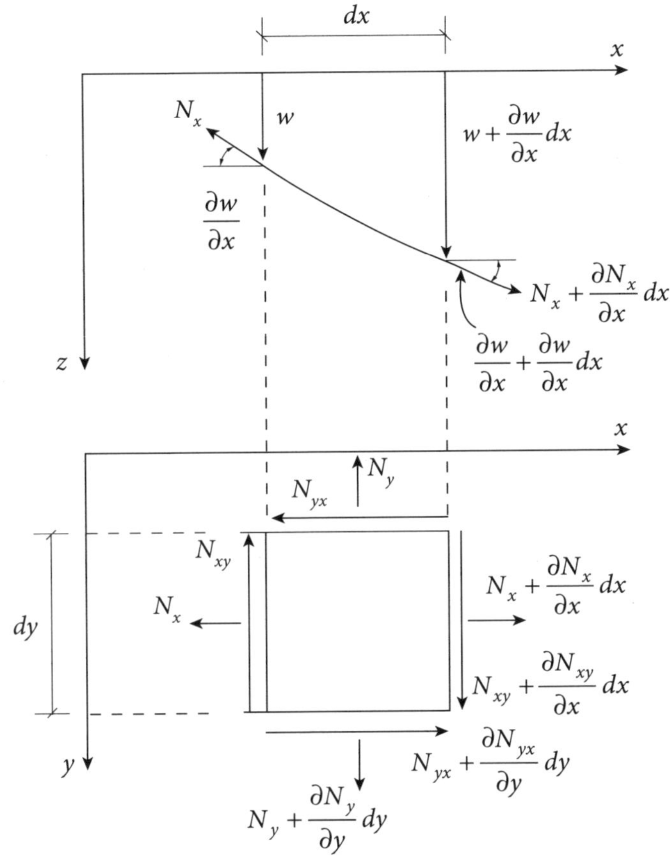

Figura 9.10 Elemento de placa: forças de membrana.

Agora considere a projeção das forças normais no plano *x-z* na direção *z*, a direção transversal ao plano da placa, levando em conta, como mostrado na Figura 9.10, o deslocamento transversal *w* de seu plano neutro. Resulta em:

$$\frac{\partial N_y}{\partial y} + \frac{\partial N_{xy}}{\partial x} = 0 \tag{9.30}$$

$$-N_x dy \frac{\partial w}{\partial x} dx\, dy + \left(N_x + \frac{\partial N_x}{\partial x} dx \right) \left(\frac{\partial w}{\partial x} + \frac{\partial^2 w}{\partial x^2} dx \right) dy \tag{9.31}$$

Simplificando e desconsiderando termos de ordem superior, tem-se:

$$N_x \frac{\partial^2 w}{\partial x^2} dx\, dy + \frac{\partial N_x}{\partial x} \frac{\partial w}{\partial x} dx\, dy \tag{9.32}$$

Da mesma forma, considere a projeção das forças normais no plano y-z na direção z, levando a:

$$N_y \frac{\partial^2 w}{\partial y^2} dx\, dy + \frac{\partial N_y}{\partial y} \frac{\partial w}{\partial y} dx\, dy \tag{9.33}$$

Um raciocínio bem mais elaborado, aqui omitido, é necessário para obtenção da projeção das forças de cisalhamento na direção do eixo z, levando a:

$$2N_{xy} \frac{\partial^2 w}{\partial x \partial y} dx\, dy + \frac{\partial N_{xy}}{\partial x} \frac{\partial w}{\partial y} dx\, dy + \frac{\partial N_{xy}}{\partial y} \frac{\partial w}{\partial x} dx\, dy \tag{9.34}$$

A seguir, todas essas componentes de forças na direção z serão somadas às forças nessas direções já consideradas no equilíbrio de forças verticais da Equação (9.17), levando a uma nova forma da Equação de Sophie-Germain e Lagrange, primeiramente obtida por Saint-Venant, na forma:

$$\nabla^4 w = \frac{1}{D}\left(p + N_x \frac{\partial^2 w}{\partial x^2} + N_y \frac{\partial^2 w}{\partial y^2} + 2N_{xy} \frac{\partial^2 w}{\partial x \partial y} \right) \tag{9.35}$$

No caso particular de carregamento transversal p nulo, tem-se a formulação teórica necessária à determinação do carregamento que levaria à instabilidade (flambagem) de uma placa fina.

Mais uma vez, na prática, soluções fechadas são muito difíceis de obter. Com a disponibilidade atual de métodos computacionais, esses são preferíveis para fins profissionais. Existem na literatura técnica, entretanto, soluções obtidas por séries trigonométricas infinitas, uma vez que funções harmônicas são tratáveis quando aplicadas à Equação de Sophie-Germain-Lagrange-Saint-Venant e em condições de contorno usuais.

9.3 ESTABILIDADE: PLACAS SIMPLESMENTE APOIADAS

Suponha-se uma placa fina, elástica linear, de planta retangular, plana e sem carregamento transversal, nem mesmo o do peso próprio, sob efeito de forças de membrana de compressão contidas nesse plano.

A ideia básica para o estudo analítico da estabilidade de placas desse tipo é supor a existência de uma configuração fletida alternativa à solução primária plana e aplicar essa solução na Equação de Sophie-Germain-Lagrange-Saint-Venant, a Equação (9.35). Tais soluções, obviamente, devem obedecer às condições de contorno do problema.

Como exemplo, tome-se o caso de uma placa retangular de comprimento a no sentido x e b no sentido y, simplesmente apoiada em todo o seu contorno. Uma função que atende a essas condições de contorno é a série trigonométrica infinita dupla:

$$w = \sum_{m=1}^{\infty} \sum_{n=1}^{\infty} a_{mn} \sin\frac{m\pi x}{a} \sin\frac{n\pi y}{b} \tag{9.36}$$

que, junto com suas derivadas segundas, vale zero no contorno, como deveria.

Suponha-se, agora, que essa placa é comprimida no sentido de x por uma força de membrana por unidade de comprimento N_x. Os valores dessa carga que minimizam a energia potencial total são:

$$N_x = \frac{\pi^2 a^2 D}{m^2}\left(\frac{m^2}{a^2} + \frac{n^2}{b^2}\right)^2 \tag{9.37}$$

Fica óbvio que o menor valor dessa carga é obtido fazendo $n = 1$. Fisicamente, a placa assume uma forma com diversas meias-ondas na direção da compressão e apenas uma na direção perpendicular. A carga crítica será

$$\left(N_x\right)_{crit} = \frac{\pi^2 D}{a^2}\left(m + \frac{a^2}{mb^2}\right)^2 \tag{9.38}$$

que depende da razão entre as dimensões em planta da placa e de m, o número de meias-ondas na direção da carga. Para $m = 1$, uma só meia-onda, a carga crítica é

$$\left(N_x\right)_{crit} = \frac{\pi^2 D}{b^2}\left(\frac{b}{a} + \frac{a}{b}\right)^2 \tag{9.39}$$

É claro, pela Equação (9.39), que, para $m = 1$, a menor carga crítica é para uma placa de planta quadrada, $a = b$, e vale $\left(N_x\right)_{crit} = \dfrac{4\pi^2 D}{a^2}$.

Referências

ALFUTOV, N. A. *Stability of Elastic Structures*. Berlin: Springer, 2000.

ARGYRIS, J. H.; KELSEY, S. *Energy Theorems and Structural Analysis*. London: Butterworths, 1960.

BAZANT, Z. P.; CEDOLINI, L. *Stability of Structures*. Singapore: World Scientific, 2010.

BRASIL, R. M. L. R. F. *Chapas, placas e cascas*. São Paulo: Blucher, 2020.

COURANT, R.; HILBERT, D. *Methods of Mathematical Physics*. New York: Wiley, 1943.

GALLAGHER, R. H. *Finite Element Analysis: Fundamentals*. Englewood Cliffs, NJ: Prentice-Hall, 1975.

RAYLEIGH, A. W. S. *The Theory of Sound*. London: Dover, 1945.

REIS, A.; CAMOTIN, D. *Estabilidade estrutural*. Lisboa: McGraw Hill, 2001.

SIMITISES, G. J.; HODGES, D. H. *Fundamentals of Structural Stability*. New York: Butterworth-Heinemann, 2006.

THOMPSON, J. M. T.; HUNT, G. W. *Elastic Stability*. London: Wiley, 1984.

TIMOSHENKO, S. P.; GERE, J. M. *Theory of Elastic Stability*. 2. ed. New York: Dover, 1961.

TURNER, M. J.; CLUGH, R. W.; MARTIN, H. C.; TOPP, L. J. Stiffness and Deflection Analysis of Complex Structures. *J. Aero. Sci.*, v. 23, n. 9, 1956.

ANEXO 1

Programa em MATLAB para determinação de cargas e modos de flambagem de treliça plana

O exemplo de treliça plana incluído na listagem a seguir é o da Figura A1, adaptado do livro *Theory of Elastic Stability* (Timoshenko; Gere, 1961, p. 148).

Dados: a) barras horizontais de comprimento 6 m, área da seção transversal A = 0,01 m²; b) barras inclinadas de comprimento 5 m, área da seção transversal A = 1 m²; e c) módulo de elasticidade $E = 3 \times 10^7$ kN/m²; o carregamento é constituído por três cargas concentradas de intensidade P = 1 kN.

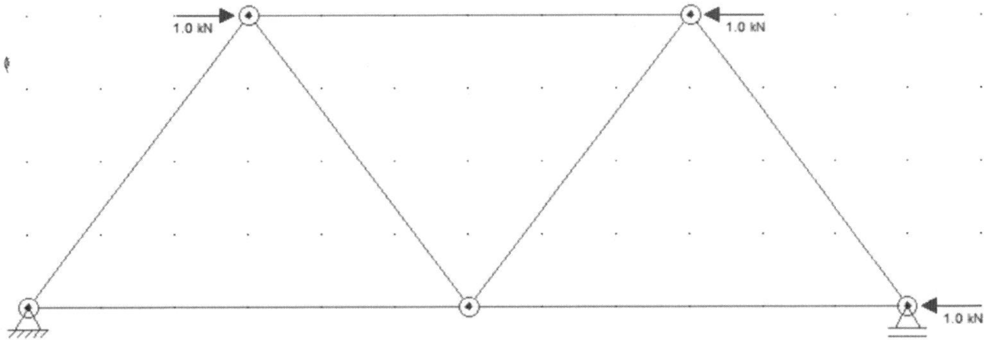

Figura A1 Exemplo de treliça plana.

```
%nome do arquivo ESTAB_TRE.m
%programa de EF para cálculo de cargas e modos de flambagem
%treliças planas
%Exemplo Timoshenko - Theory of Elastic Stability - pg 148
% Prof Reyolando Brasil - junho 2020
%
clear
clc
%entrada de dados
%
%dimensões do problema
%
nno=5;%número de nós
nglpn=2;%número de graus de liberdade por nó
nds=nno*nglpn; %número de deslocamentos do sistema
nncr=2;%número de nós com restrições
nel=7;%número de elementos
nnel=2; %número de nós por elemento
ndpel=nnel*nglpn;%número de deslocamentos por elemento
nnc=1; %número de nós com carga concentrada
%
%coordenadas X Y dos nós
%
gcoord=[3 4;9 4;0 0;6 0;12 0];
%
%conectividade por elemento (n. dos nós de cada elemento)
%
nodel=[1 2;3 1;4 1;4 2;5 2;3 4; 4 5];
%
% matriz de número de graus de liberdade por nó
%
```

```
LN=zeros(nno,nglpn);
%
%condições de contorno (n. de nó restrito e direções restritas ou livres)
%
LN(5,:)=[0 1];
LN(3,:)=[1 1];
%
%dados físicos dos elementos, mód elasticidade, area da seção
%
A(1)=0.01;A(6)=0.01;A(7)=0.01;
A(2)=1;A(3)=1;A(4)=1;A(5)=1;
EM=3000000.0;
%
%determinação das matrizes
%
%matriz LN
%
ngl=0;ngr=nds;
for i=1:nno
  for j=1:nglpn
    if (LN(i,j)==0)
      ngl=ngl+1;
      LN(i,j)=ngl;
    else
      LN(i,j)=ngr;
      ngr=ngr-1;
    end
  end
end
nr=nds-ngl;
%
```

```
%inicialização de matrizes e vetores
%
KE=zeros(nds,nds);
KG=zeros(nds,nds);
N=zeros(nel);
%
%matrizes de rigidez elástica e geométrica
%
% carga normal nas barras
%
N(1)=1;
N(6)=1;
N(7)=1;
%
for iel=1:nel
   for j=1:nnel
      nd(j)=nodel(iel,j);
   end
   xa=gcoord(nd(1),1);ya=gcoord(nd(1),2);
   xb=gcoord(nd(2),1);yb=gcoord(nd(2),2);
   dx=xb-xa;dy=yb-ya;
   dl=sqrt(dx*dx+dy*dy);
   c=dx/dl;s=dy/dl;
%
% matriz de rigidez elástica do elemento ke
%
   ke=EM*A(iel)/dl*[c*c c*s -c*c -c*s;s*c s*s -s*c -s*s;...
      -c*c -c*s c*c c*s;-s*c -s*s s*c s*s];
%
% matriz de rigidez geométrica do elemento kg
%
```

```
    kg=N(iel)/dl*[s*s -c*s -s*s c*s;-s*c c*c s*c -c*c;...
      -s*s c*s s*s -c*s;s*c -c*c -s*c c*c];
%
%matrizes globais
%
    kl=0;
    for n=1:nnel
      kl=kl+1;
      d(kl)=LN(nd(n),1);
      kl=kl+1;
      d(kl)=LN(nd(n),2);
    end
    for i=1:ndpel
      for j=1:ndpel
        KE(d(i),d(j))=KE(d(i),d(j))+ke(i,j);
        KG(d(i),d(j))=KG(d(i),d(j))+kg(i,j);
      end
    end
end
%
% solução do problema de autovalores e autovetores
%
%
%KE(1:ngl,1:ngl)
%KG(1:ngl,1:ngl)
D=eig(KG(1:ngl,1:ngl),KE(1:ngl,1:ngl));
%
%cargas criticas
%
disp('cargas criticas')
disp('Timoshenko')
```

```
%
alfa=acos(0.6);
Pc=A(1)*EM/((cot(alfa))^2*(3+10*A(1)/6/A(3)/(cot(alfa))^2))
%
disp('Programa Reyolando Brasil')
pc=1/D(ngl)
%
```

ANEXO 2

Programa em MATLAB para determinação de cargas e modos de flambagem de pórticos planos

O exemplo de pórtico plano na listagem a seguir é o da Figura A2, adaptado do livro *Theory of Elastic Stability* (Timoshenko; Gere, 1961, p. 66).

Dados: comprimento das barras = 3 m, área da seção transversal A = 0,045 m^2, momento de inércia da seção $I = 3{,}375 \times 10^{-4}$ m^4 e módulo de elasticidade $E = 3 \times 10^7$ kN/m^2; o carregamento é constituído por duas cargas concentradas de intensidade P = 500 kN.

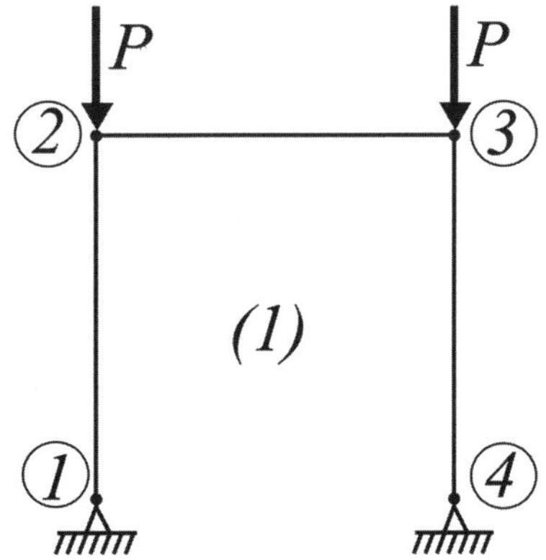

Figura A2 Exemplo de pórtico plano.

```
%nome do arquivo ESTAB_POR.m
%programa de EF para cálculo de cargas e modos de flambagem
%pórticos planos
% Prof Reyolando Brasil - julho 2020
%
clc
clear
%entrada de dados
%
%dimensões do problema
%
nno=4;%número de nós
nglpn=3;%número de graus de liberdade por nó
nds=nno*nglpn; %número de deslocamentos do sistema
nncr=2;%número de nós com restrições
nel=3;%número de elementos
nnel=2; %número de nós por elemento
ndpel=nnel*nglpn;%número de deslocamentos por elemento
nnc=2; %número de nós com carga concentrada
%
%coordenadas X Y dos nós
%
gcoord=[0 3;3 3;0 0;3 0];
%
%conectividade por elemento (n. dos nós de cada elemento)
%
nodel=[1 2;3 1;4 2];
%
% matriz de número de graus de liberdade por nó
%
LN=zeros(nno,nglpn);
```

```
%
%condições de contorno (n. de nó restrito e direções restritas ou livres)
%
LN(3,:)=[1 1 0];
LN(4,:)=[1 1 0];
%
%dados físicos dos elementos, mód elasticidade, densidade, area da seção
%
A=0.045; E=3e7; I=3.375e-4;
%
%determinação das matrizes
%
%matriz LN
%
ngl=0;ngr=nds;
for i=1:nno
  for j=1:nglpn
    if (LN(i,j)==0)
      ngl=ngl+1;
      LN(i,j)=ngl;
    else
      LN(i,j)=ngr;
      ngr=ngr-1;
    end
  end
end
nr=nds-ngl;
%
%inicialização de matrizes e vetores
%
KE=zeros(nds,nds);
```

```
KG=zeros(nds,nds);
N=zeros(nel);
d=zeros(6);
%
%matrizes de rigidez elástica e geométrica
%
% carga normal nas barras
%
N(2)=500; N(3)=500;
%
for iel=1:nel
   for j=1:nnel
      nd(j)=nodel(iel,j);
   end
   xa=gcoord(nd(1),1);ya=gcoord(nd(1),2);
   xb=gcoord(nd(2),1);yb=gcoord(nd(2),2);
   dx=xb-xa;dy=yb-ya;
   dl=sqrt(dx*dx+dy*dy);
   c=dx/dl;s=dy/dl;
%
% matriz de rotação
%
   T = [ c s 0 0 0 0;
       -s c 0 0 0 0;
      0 0 1 0 0 0;
      0 0 0 c s 0;
      0 0 0 -s c 0;
      0 0 0 0 0 1];
%
% matriz de rigidez elástica do elemento ke local
%
```

```
    a1 = (A*E)/dl;
    a2 = (12*E*I)/dl^3;
    a3 = (6*E*I)/dl^2;
    a4 = (4*E*I)/dl;
    a5 = (2*E*I)/dl;
    kel=[a1   0   0  -a1   0  0;
      0  a2  a3   0  -a2  a3;
      0  a3  a4   0  -a3  a5;
      -a1   0   0  a1   0  0
      0  -a2  -a3   0  a2  -a3;
      0  a3  a5   0  -a3  a4];
% ke global
    ke = T'*kel*T;
%
% matriz de rigidez geométrica do elemento kg local
%
    kgl=N(iel)/dl*[0    0    0    0    0    0;
      0  6/5+1  dl/10    0  -6/5-1  dl/10;
      0    dl/10 2*dl^2/15    0    -dl/10  -dl^2/30;
      0    0    0    0    0    0;
      0  -6/5-1 -dl/10    0   6/5+1 -dl/10;
      0    dl/10  -dl^2/30    0  -dl/10 2*dl^2/15];
%kg global
      kg=T'*kgl*T;
%
%matrizes globais
%
    kl=0;
    for n=1:nnel
      kl=kl+1;
      d(kl)=LN(nd(n),1);
```

```
        kl=kl+1;
        d(kl)=LN(nd(n),2);
        kl=kl+1;
        d(kl)=LN(nd(n),3);
    end
    for i=1:ndpel
        for j=1:ndpel
            KE(d(i),d(j))=KE(d(i),d(j))+ke(i,j);
            KG(d(i),d(j))=KG(d(i),d(j))+kg(i,j);
        end
    end
end
%
% solução do problema de autovalores e autovetores
D=eig(KG(1:ngl,1:ngl),KE(1:ngl,1:ngl));
%
%cargas críticas
%
disp('cargas criticas')
i=ngl;
for j=1:ngl
pc(i)=1/D(j);
i=i-1;
end
for k=1:ngl
pc(k)
end
```

GRÁFICA PAYM
Tel. [11] 4392-3344
paym@graficapaym.com.br

GRÁFICA PAYM
Tel. [11] 4392-3344
paym@graficapaym.com.br